馬克先生的狗狗幼兒園

Follow Mr.Mark to Train a Dog

馬克先生 / 著
羅小酸 / 繪

好評推薦（按筆畫排序）

馬克先生原來是位鸚鵡訓練師，在這本書中，看他用很淺顯易懂直述式的語言，還有很多敘述內心戲的場景，希望教會我們認識導盲犬，但更大的收穫應該是好好的認識汪星人。

——《哈寵誌》社長　廖曉萍

「哇，原來導盲犬有那麼多的小故事呀！」這是我看完後，心中直接冒出來的一句話！原來他們訓練是這麼的辛苦！雖然我也很喜歡狗狗，但是看到之後覺得他們絕非凡狗！是天使來著呀！希望大家也可以透過這本書一起去認識導盲犬唷！看完之後我也迫不急待的想來訓練我家的孩子了呢。

——BigBrother 大師兄

整本書滿滿的真材實料，除了訓練的方法外，照護幼犬的「心態」也寫得非常好，不只是學習方法，也是改變飼主面對狗狗的好書！

——犬研室 - 寵物訓練師　小善

狗兒不只是人類最忠誠的朋友，對我來說狗兒也是療癒人類的最佳夥伴，更是家庭中的一分子，我們不僅要給他們愛，瞭解他們更要懂得如何跟他們相處。

《馬克先生的狗狗幼兒園》可以提供給狗爸狗媽們許多的好方法來跟我們的狗寶貝快樂的相處喔！聰明懂人性的狗寶貝們也會學習得很開心的！我誠心的推薦。

——**知名演員－江宏恩**

身為狗奴，每一隻狗都是獨一無二的！而我們對待他們的付出，他們也會用更多的方式來回饋給我們。

狗狗跟孩子一樣，是需要教育的，更別說是專業的導盲犬。本書將完整帶大家瞭解導盲犬、討論傳統動物訓練與正向動物訓練，說明增強與懲罰之間密不可分的神祕關係！

——**連環泡有芒果**

很久以前，就有瞭解到導盲犬，只是不知道導盲犬的養成與訓練，是有多麼的不容易以及漫長。尤其是台灣這種車多，機車更多的環境，導盲犬對於盲人而言，不只是眼睛，更是性命相托的夥伴。

雖然導盲犬性格很穩重，但是要在此呼籲大家，看到導盲犬還是不要隨意的撫摸跟餵食，他們是盲人的眼睛，千萬不要因為可愛就影響到他們工作！

如果大家對於導盲犬，養成、培訓過程好奇有興趣，可以看這本書，這本書有詳細的介紹，也可以用在怎麼訓練家中孩子。

——**寶總監的寶之國與他的狗王子們**

前言．你也可以成為狗狗訓練大師

這本書改編自我的碩士論文。身為一個口無遮攔的妖魔鬼怪，論文創作是個極度痛苦的過程，因為全程都不能講垃圾話，我必須壓抑內心奔騰的小怪獸，非得用咬文嚼字的方式完成一篇又一篇的假知青文章……

「研究者於2010年開始從事動物訓練工作，至今於相關行業已達十年的時間……」

「Goddard及Beilharz（1983）研究中，也有對導盲犬的成功訓練統計出結果，不適任導盲犬的主要特徵為（一）膽小，（二）容易分心，尤其被其他犬隻干擾，以及（三）具有攻擊性……」

用這種文謅謅的方式論述自己的想法是不是非常難看！而且讓我內心受創極深，逼著我想大改特改自己的論文！把自己調頻回那個口無遮攔又可愛迷人的反派角色！

我的論文主要是聚焦在導盲犬「引導訓練期」階段的訓練，也就是導盲犬在訓練師手邊進行的各項課程，透過應用行為學習理論和工作分析法，做訓練原理的分析。聽起來是不是跟各位讀者你八輩子都扯不上關係！所以沒事真的不用找出來看，對你的人生一點幫助也沒有。因此在撰寫這本書的時候，既然主軸要跟眾人飼養狗狗有關，我想重點就應該讓大家瞭解，導盲犬在寄養家庭期的幼犬訓練是如何進行的！因為寄養家庭的家長跟 You & Me 一樣都只是普通人，藉由寄養家庭輔導員的指導還有陪伴，讓每位寄養家庭的家長直接從市井小民搖身一變成為幼犬達人！

到底寄養家庭的爸爸、媽媽們是施了什麼樣的魔法，才能把這群陰屍路裡的小殭屍們[1]，訓練成可以乖乖聽話的導盲犬呢？本書就會用過去「我個人」擔任寄養家庭輔導員時，所使用的訓練經驗及角度，帶著各位讀者一起來學習如何照顧幼犬？要怎麼訓練牠們？以及要訓練些什麼？

1 幼犬在七週齡左右，準備要分配到寄養家庭前，正是探索欲最旺盛的時候，看到什麼東西都想要咬咬看，我們工作人員只要進去收拾就會瞬間被幼犬包圍，比瞬間更貼切的形容大概就是光速吧！光速衝過來包圍我們，不是被吃腳，就是被扯褲管，人如果坐在柵欄外，牠們還會啃柵欄，是不是就跟恐怖片裡的殭屍沒有兩樣？討人厭的程度甚至是連親生娘餵奶都在擺臭臉，有事沒事也會跳出柵欄外休息，沒事絕不會待在窩裡。

目次

好評推薦……vi
前言：你也可以成為狗狗訓練大師……x

UNIT 1 那些關於導盲犬的事

什麼是導盲犬？導盲犬其實一點都不神奇……2
導盲犬的重要夥伴們……10

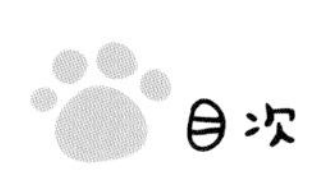

目次

我想成為厲害的導盲犬！──導盲犬生涯規劃與訓練⋯⋯⋯ 14
我失敗的養狗經驗⋯⋯⋯ 42

UNIT

汪星人的使用說明書

傳統動物訓練 VS. 正向動物訓練⋯⋯⋯ 46
原來這樣子的行為就是懲罰！⋯⋯⋯ 70
懲罰跟增強一樣重要⋯⋯⋯ 75
正向訓練師，難道不會使用懲罰嗎？⋯⋯⋯ 80
懲罰不是萬惡不赦，增強也不是仙丹妙藥，
善用教學法，讓狗狗乖乖聽你的話！⋯⋯⋯ 87

UNIT 3 和狗狗一起生活的日常

幼犬時期的生活必需品⋯⋯ 104
清潔保健做得好，狗狗開心沒煩惱⋯⋯ 116
飼主與狗狗必學的六大指令⋯⋯ 142
其他實用小撇步⋯⋯ 169

後記⋯⋯ 179
致謝⋯⋯ 192

UNIT 1

那些關於導盲犬的事

什麼是導盲犬？導盲犬其實一點都不神奇

講到「導盲犬」，很多人都會想到電影《再見了，可魯》，所以電影裡的可魯，自然而然就成為大家對於導盲犬的第一印象。但畢竟電視劇跟電影上映時間是將近二十年前（2003 & 2004 年），而且可魯本狗的生日甚至跟我同年同月同星座差三天，可想而知牠也是一個玻璃心巨蟹座小可愛之外，年代實在是太～～～久遠，已經不適合當作當代的知識標準。

想當年，我到某導盲犬中心面試的時候，因為是團體面試，所以當時加上我共有八個人坐在辦公室裡，每個人都看起來很有精神，蓄勢待發，一副就是不好惹的樣子。面試一開始，老闆和主管跟我們輕鬆閒聊，接著就被問到一題：「你為什麼想成為導盲犬訓練師？」由於我坐在最邊角的位置，就被點名第一個回答，我真的沒有想太多，因為對當時已經是鸚鵡訓練師的我來說，從事動物訓練工作是一件很自然的事情，我喜歡這樣的工作，想嘗試看看不同種類的動物，所以就選擇了導盲犬（還有一個原因是因為警犬訓練中心落選……），接著從我下一位開始的七位，每一個人都在談話中將「服務視障者」這件事情發揮的淋漓盡致，或是看了電影《再見了，可魯》有多感動，受到了啟發之類的，OH！MY！GOD！他們每一個都是面試小天才，我真的是個不折不扣的蠢豬耶，因為我在準備面試的過程中從頭到尾，徹徹底底，還真的完～全沒有想到我的顧客族群是視障者唷（摸後腦吐舌），一個鸚鵡訓練師在那邊跟大家爭什麼？天殺的蠢貨啊我（吐十兩血）！

結果不久後我居然收到錄取通知！唷呼～

看來面試的時候不要說謊還是對的！不過我還是有乖乖的反省了一下，錄取後一直都在乖乖關心導盲犬與視障者之間有關的訊息。

導盲犬的犬種其實相當多，除了目前臺灣最主要選用的品種拉布拉多犬、黃金獵犬外，還有這兩犬種混種的黃金拉拉。在其他國家，也會考量犬隻與人適宜的身高、體型、大小、環境適應能力、皮膚毛髮養護的難易等因素做為犬種的考量，例如德國狼犬、邊境牧羊犬、標準型貴賓犬等都是導盲犬常見的犬種。在歷史上，甚至還曾經有使用拳師犬、比特犬等做為導盲犬的犬種！

另外，關於導盲犬的奇怪消息也不少，其中一則我覺得很有趣，某些網路上正義的「花生」，俗稱網路酸民的民眾在批評某導盲犬中心，像是在刻意鼓吹純種狗優於混種狗似的強調導盲犬血統。總之這種是不是符合政治正確的言論，惹得花生先生／小姐們很不開心，「我們浪浪也很聰明啊！」的聲音成為了攻擊導盲犬純正血統的一把槍。是的～是的～沒有人會否認啦，浪浪確實是很聰明，但是「**純種**」的導盲犬還真的是有點了不起喔！全世界的導盲犬中心都一樣，為了要讓訓練成本降低，訓練成功機率就必須要提高，所以在犬隻育種上必須要剃除有隱性疾病，以及性格不適合的狗，所以單就浪浪連爹娘是誰都不知道的情況下，真的是會有隱性疾病上的風險。此外，導盲犬未來是要提供給視障者使用，因此在狗狗的選擇上，有攻擊行為的狗狗還真的是萬萬不可啊！因此在經年累月的育種過程中，會不斷地把有攻擊行為的狗及家族剃除，才有我們現在看到不具有攻擊行為的導盲犬，因此「**血統**」絕對是導盲犬的最優先選擇！但在導盲犬的世界所講的「**血統**」並不代表「犬種」，而是這隻狗的來源是否是來自於「**導盲犬**」！舉個例子：

「導盲犬拉不拉多」就跟緝毒拉不拉多犬、寵物拉不拉多犬的血統不同，已經是被獨立出來「導盲犬血統」的拉不拉多犬。另外，導盲犬拉不拉多，跟導盲犬黃金獵犬，所育種出的「導盲犬黃金拉拉」血統純正嗎？答案是「**完全純正**」，因為我們在乎的是牠是否為「**導盲犬血統**」，而並非牠是什麼「犬種」。

為了要確保訓練成功機率增加，以及保護視障者的安全，所以導盲犬的血統，還真的是非常重要的呢！但導盲犬因此就拿～麼的神奇嗎？我必須承認，去上過其他訓犬單位所舉辦的狗狗訓練課程，聽了好多不同訓練師分享自己的訓狗經驗後，我和幾位一同前往的同事們都一致認為，身為導盲犬訓練師真的是挺幸福的，因為我們訓練的導盲幼犬基本上腦子還算正常，而目前我們在坊間找到的狗狗訓練師，他們所遇到的狗真的恐怖的居多耶，甚至有某位訓練師是專門接腦子壞掉的狗，身為獸醫師的他，透過身體檢查先治療狗狗的身體疾病後，再藉由正向引導，讓狗狗逐漸能冷靜地面對這個世界。

狗狗常見的行為問題，大部分來自於飼主的不當照顧，或是不會照顧產生，而很不幸的是，願意花錢帶狗狗上課，或是投資成本買書、上課學習如何養狗的飼主並不多，真的是確認狗狗已經壞掉了，問題太 Over 嚴重才願意花錢解決問題，我覺得真的是很可惜，因為這隻狗到底要經歷多少的責難，才有機會可以被妥善地對待呢？

相較之下，導盲犬真的幸福很多，至少從胎教開始，出生、長大、上學，最後交到視障者手上的前一刻，都是生活在訓練中心精心安排的環境當中，除了本身血統良好（當然還是有ㄅㄅ……嗯……就……腦子沒這麼優秀的啦……），在環境控制以及良好社會化訓練的教育下，我認為這才是導盲犬能這麼優秀的主要原因，所以導盲犬血統真的有這麼神奇嗎？我個人覺得不完全盡然，如果沒有這些因素環環相扣，導盲犬血統的狗，說穿了也不過就是一條普通的小黃罷了（or小黑、小白…… whatever～）。

當然，事情總不會盡如人意的，縱使是導盲犬血統出生的狗狗，沒有教育好也是會有危險的。話說某一天，在我們社群網路內炸開了一個要殺狗的文章，原因是因為有隻狗把主人給拉跌倒受了重傷，這位受傷且揚言要殺狗的人是位前任寄養家庭，而那隻嫌犯狗是一隻除役的前導盲犬。一開始看到這個殺狗言論大家都很緊張，我也趕快去問了一位資深同事，這位同事聽聞後冷笑了一下告訴我，這隻狗狗會這麼不受控，是因為這位前任寄養家庭媽媽呢，為了讓寄養的幼犬可以留在自己的身邊，不會被送回中心訓練，就刻意不遵照中心的規則，讓寄養的幼犬染上許多惡習，最後這隻狗確實被淘汰了，也如願被這位媽媽收養成為寵物犬。但這世間的現世報總是來的特別快，多年之後，這位媽媽就自食惡果受了重傷，還揚言要殺了這隻狗，我猜這隻狗平時的行為絕對沒這麼簡單，家長對狗的積恨應該也少不到哪去。這樣說起來，這位家長算是惡有惡報，沒什麼好同情的，至於那隻狗……畢竟已經被收養了，我們沒有介入的權利。

所以說，縱使是導盲犬血統，沒有好好的教導，真的就是普通的一隻狗罷了。也因此我相信，透過對狗狗完整的教育，我們每個人都可以教養出一隻跟導盲犬一樣乖的狗。而且，就我個人的經驗認為，不只是狗，任何寵物都是一樣，為什麼我飼養的凱克鸚鵡黑瓜可以乖乖掛上牽繩跟著我出去飆車？為什麼金瓜願意穿上包屁衣乖乖陪我逛百貨公司？為什麼別人家的貓可以像狗一樣裝上牽繩出去遛？而你們家的狗卻是看到影子就吠叫到不行？這些絕對都是跟是否有受過良好的正向引導以及社會化訓練有關係。

話說回來，既然擁有一隻血統如導盲犬一樣優良的寵物犬一點都不重要，那我們是否可以複製照顧導盲犬的方式，透過完整的教育，教導出像導盲犬一樣優秀的狗狗？而且我敢保證，你所付出的時間跟金錢，絕對會是飼養狗狗過程中相當值得的投資，讓我們用正確的方式對待狗狗，讓牠們從小養成好習慣，保證狗狗腦袋正常、心智健康，乖巧數十年，在牠老死前，我們飼養狗狗的過程快樂輕鬆無煩惱～絕對是一舉萬得、一石兩百鳥的優秀投資啊！當然投資有賺有賠，照養寵物也是學問一件，申購前請查閱公開說明書，也就是這本書給我買十本，每本讀十遍！

正所謂「知己知彼，百戰百勝」，我們既然想複製導盲犬的照顧模式，那就必須先瞭解導盲犬制度的架構，再來看看哪些是我們可以應用在寵物犬上的撇步。

導盲犬的重要夥伴們

在介紹導盲犬制度之前，有幾個非常重要的角色一定要先認識，如果沒有先來名詞解釋一下，後面的文章我保證你會看不懂，因為就連我當年在中心裡頭工作，也花了好一段時間才搞懂這些人之間的關係（當然也跟我的智商不太高有關）。

寄養家庭志工&寄宿家庭志工

寄養家庭志工，簡稱為「寄養家庭」。寄養家庭輔導員（簡稱輔導員，就是我當年負責的其中一份工作）收到有意願成為寄養家庭的民眾申請件，電話訪談後就會到該民眾的家中做訪視，確定這個家庭的各項狀況良好（例如我就訪過感覺會鬧鬼的垃圾屋！我真的會原地嚇死），也確認其他的家庭成員都有共識，願意一起來做寄養家庭，接著就會對這個家庭的主要照顧者安排各項課程，像是學習如何用標準化的方式照顧一隻導盲「成」犬，以及如何帶導盲犬進行社會化訓練（也就是這本書的重點所在）。完成課程訓練後，主要照顧者就會收到衛生福利部核發的正式證件。之後如果有幼犬出生，就可以安排幼犬進入到這個家庭做寄養。

寄宿家庭志工，簡稱為「寄宿家庭」，基本上就是已經完成課程的寄養家庭，具備標準化照顧導盲犬的能力，只是暫時沒有意願長期照顧幼犬（但我通常會逼良為娼想盡辦法掰彎寄宿家長，說服他們照顧幼犬～對，我就是個老鴇）。這時候如果有訓練師或是寄養家庭，臨時有幾天無法照顧手邊的訓練犬或是幼犬，輔導員就會安排該狗到寄宿家庭中（每次寄宿完幼犬，我的老鴇魂就會飄出來：「唉唷～媽媽，幼犬是不是很可愛～最近又有一隻母狗準備待產了耶，有沒有興趣照顧幼犬啊！」然後我就會被寄宿媽媽閃一個白眼～）。

寄養家庭輔導員

寄養家庭輔導員，簡稱「輔導員」。有點類似社工的角色，負責所有與寄養家庭（寄宿家庭）有關係的事務。例如有新的家庭想申請做寄養家庭，就會由輔導員進行電訪、家訪、評估能力，並安排寄養家庭人員的訓練，分配狗的寄養跟寄宿。

如果寄養家庭（寄宿家庭）有任何照顧上的問題，也都會由輔導員協助做調整。

導盲犬指導員

導盲犬指導員，簡稱為「指導員」。負責指導視障者如何使用導盲犬，需要具備訓練導盲犬的能力，負責視障者與工作中導盲犬的事務。

如果今天有一位視障者想要申請使用導盲犬，就會由指導員電訪、家訪、評估能力，安排視障者與導盲犬配對，訓練視障者如何照顧導盲犬、使用導盲犬。當視障者與導盲犬配對成功（稱為導盲犬使用者，簡稱為「使用者」），指導員也會安排時間做訪視，關心使用者的使用狀況。若使用者使用導盲犬上有問題，或是在生活上因為導盲犬產生困難，也會由指導員來做協助。

我想成為厲害的導盲犬！——導盲犬生涯規劃與訓練

出生

導盲犬的育種，是各導盲犬中心依照需求而規劃。世界各地的導盲犬中心，都會有各個中心的育種計畫，選擇合適的種犬，培育出合適該地區的本土導盲犬，因此導盲犬體型、個性就會與國情及人種有關，例如選擇個性較為溫順的種犬，期待也生出一樣個性溫順的幼犬，或是刻意避開黑狗等。幼犬在七、八週齡時，才會分配到寄養家庭中。因為在七週齡前的幼犬，感官器官還有腦皮質都尚未發育完成，所以透過母犬的照顧來學習使用感官器官，將情緒跟感受與經驗做連結。因此七週齡前不應該將幼犬與母犬分離，突然的中斷自然斷奶會帶給幼犬極大的痛苦，也有研究顯示會造成幼犬未來長大後的行為問題。

寄養家庭期（幼犬期）

起初「導盲犬」概念的設計，主要是要照顧第一次世界大戰後（一九一八年）失明的士兵，而寄養家庭的歷史，剛好也銜接在戰後的一九二〇年代。研究顯示，七、八週齡時的幼犬，生理與心理狀態都逐漸成熟，非常適合學習與人類建立關係，而且前面的文章中也有提到，這時候的幼犬討人厭的程度，是連親生娘都避之唯恐不及了，所以這時候趕快分發出去眼不見為淨是相當合適的（好政治不正確的說法～）！因此這時候就會將幼犬分配到各個寄養家庭志工家中做扶養。在寄養家庭照顧的期間，需要由寄養家庭家長對幼犬進行基本的服從訓練，以及提供大量攸關導盲犬成功養成最最最……最重要的社會化訓練，直到導盲幼犬長成到一歲，足以接受引導訓練的時候為止。

1 辨識

由於血統、以及培育目的等因素，導盲犬從出生開始的身分就是導盲犬，這已經說了一百遍了請大家給我記起來！因此當一隻導盲幼犬出生，以及寄養家庭家長受了完整的培訓後，就可以領到衛福部核發的正式證件（人、狗各一張），可以說是衛福部親封的乳母嬤嬤專屬官印，而這張證件就是有法律效力的無敵星星，寄養家庭家長可以名正言順，帶著幼犬自由進出公共場所做社會化訓練。但證件畢竟就是一張小小的塑膠卡片，總不可能每一次帶狗進到室內，經過一個看到狗而露出疑惑表情的陌生人，就立刻掏出證件，瞪大眼睛對著陌生人說：「這是導盲犬啦！」這樣做實在太像是一個神經病了，因此直接讓導盲犬穿上識別的衣物，就可以更簡單地讓陌生人一眼就知道這是一隻導盲犬！

　　臺灣的導盲犬識別用的衣服可以分成兩種三款，第一種就是寄養家庭中所照顧的幼犬，會統一穿上紅色背心，上面就會繡上該導盲犬中心的名稱。臺灣兩間導盲犬中心都是如此。不過在種犬的衣服規則上，兩間導盲犬中心就有些不一樣，台灣導盲犬協會讓種犬跟幼犬一樣都穿紅色背心，而惠光導盲犬學校則是讓種犬穿上藍色背心。

第二種則是導盲鞍。如果是訓練師手邊的訓練犬，或是正在服務視障者的導盲犬，就會穿上導盲鞍。

導盲鞍基本上是使用牛皮製成，觸感跟原理有點像皮帶，柔軟有彈性，也可以調整鬆緊度，然後身體的左右兩側都各有一個扣環，可以固定拉引視障者的金屬握把。

2 幼犬安置

① 家庭訪視

導盲犬寄養家庭，可以說是我們這些輔導員挑選後的菁英，畢竟孩子的教育不能晚，咱們導盲幼犬各個都是我們的心肝小寶貝耶，要送去寄養的家庭絕對不可以馬虎！在收到寄養家庭申請件後，當然要來去看看這個家庭的成員狀態還有生活習慣，一方面是要知道，全家人對於家中要開始承接教養導盲幼犬的心態有沒有一致，總不可能幼犬的主要照顧者今天臨時有事，其他家庭成員兩手一攤，不干自己的事一樣，幼犬就沒人照顧，餓肚子沒人管，也沒有人帶牠去上廁所。二方面更想知道，這個家庭的生活型態有沒有什麼惡習慣，例如東西亂丟？清潔不足？如果有教化的可能當然好調整，但如果沒有教化可能……我怎麼可能會把幼犬安排在這邊受苦受難呢！

還記得我有次訪視一家收養家庭申請件就讓我印象超～級無敵深刻。一開始收到這申請件還蠻開心的，因為就在公司附近，而且是主管吃過還推薦的好吃餐廳，打好關係想必我們之後常常能收到免費的食物可以吃（對，訓練師很需要被餵食）。抵達案家後，一樓是營業場所所以還算整齊，進到一樓餐廳後場我整個視覺衝擊，延續到二樓、三樓通通就是垃圾屋般的狀態，角落推滿了塑膠罐和壓扁的紙箱，衣服隨意披掛在房間各處，天氣明明超好，窗戶跟窗簾卻完全緊閉，整間屋子都暗暗的根本就是鬼屋，我好慶幸當天是跟主管一起去，不然我肯定會嚇到尿褲子好不好。跟主管對看了幾眼，就笑笑地說：「我們改天再來唷～」就迅速逃跑，而且再也不敢吃這家餐廳了……

第三方面是要看這個案家的整體動線，協助家長選擇適合安置幼犬的位置，通常會是電視櫃、床腳、沙發腳等這些重量比較重的巨型家具的一角來安置壁鍊，簡單來說，原則就是幼犬啃咬這些家具的話也不會直接造成家具壞掉、不會有吞食疑慮的物品為主。不過幼犬的實力真的是不容小覷，有一次某位家長很緊張地傳訊息來跟我說，他們家的幼犬蛙佛綁在樓梯邊，那位蛙佛小寶貝居然無聊到把大理石階梯啃出了一個洞，對！你沒有看錯，就是啃大理石，旁邊的玩具不玩給我啃大理石！一開始我還以為家長在跟我開玩笑，看完照片我真的是嚇壞了耶！這個實力是不是太堅強了一點……，可不可以做點對社會、對世界有貢獻的事情啊？咬大理石樓梯幹嘛啊？奇怪耶！

再來也會留意幼犬離餐桌跟客廳茶几的距離，避免幼犬會有誤食到桌邊掉落的食物，養成撿拾的壞習慣。另外家中各處如果有使用小垃圾桶的話，也會建議換成有蓋的垃圾桶為佳，而且不放在幼犬的動線上，避免幼犬學會翻垃圾桶找東西吃。如果以上家具的位置都不適合，也會考慮鑽牆壁鎖上壁扣來固定壁鍊，最後安置一張地墊讓幼犬當作床可以睡覺。但千防萬防，也抵擋不了狗狗無限的想像力跟超能力，有時候只是稍微在洗衣間收個衣服，出來的時候就會發現狗狗已經拉著壁練把沙發拖行到了廚房；還是上輩子是國畫大師，把牆壁上的油漆啃出一個「火」字都是真實發生的事情喔！

②社會化訓練

導盲犬就是要來服務視障者的，這應該是常識沒有什麼需要解釋，但視障者跟我們明眼人一樣，有外出以及社交的需求，這個很多人就不知道了吧！我跟大家講，很多視障者真的都超厲害，不管是看

他們切菜、煮飯、臉書PO文，還是用LINE打字聊天，你真的不會認為他們眼睛看不見。我平時跟他們相處，已經對他們生活自由自在的狀態感到習以為常，但有一次我開車載一位使用者回家，他突然跟我說：「前面左轉。」我真的是嚇瘋耶，立馬大喊：「哇靠！為什麼你知道前面要左轉！你看得見吧！幹嘛騙我們的導盲犬你說！你說啊！！！」他笑得很開心～

既然視障者也會到處趴趴走，因此在《身心障礙者權益保護法》的第六十條直接明文規定，保障了障礙者跟導盲犬等各項身心障礙輔助犬及訓練中幼犬，都可以自由進出公共場所以及搭乘大眾運輸工具。但導盲犬說穿了就是一條小黃，面對狗與狗之間，狗與人之間，甚至是狗與人類社會之間，都必須透過社會化訓練來學習怎麼跟未來所有將會面對的事情相處，提前對未知的突發狀況做準備。

說穿了，我們訓練人員不可能會知道這隻導盲幼犬未來會配對的視障者是誰？這位視障者有哪些生活習慣？因此在幼犬時期，寄養家庭家長與工作人員，會盡早讓幼犬接觸到這世界上各式各樣的人事物，而且越多越好，讓幼犬對這世界做減敏，例如帶著導盲幼犬進出人山人海的車站、參與鞭炮聲轟隆隆的廟會活動、面對突然打開的雨傘，或是搭乘電動手扶梯（要知道在狗的視線高度，電動手扶梯彷彿像是會吃人的怪物般恐怖！）。當幼犬經常接受到各式各樣環境的刺激，也就會將這世間所有的事物習慣化，未來自然就會對這些環境刺激視若無睹。當視障者牽著導盲犬出門，面對突發事件，導盲犬才能面對突發事件處之泰然，穩若泰山。但說了這麼多，大家一定還是看得霧煞煞，疑惑想著：「社會化訓練到底要做些什麼？」

社會化訓練簡單來說就是我們人類身邊會遇到的所。有。事。情。也就是身為飼主「你」的生活。你今天會使用的物品、會見到的人、會搭乘的交通工具、會聽到的聲音，只要跟你的生活有關，這些全～部都會包含在社會化訓練裡面。身為人類，我們會本能的用自身的角度去看事情，很難換位思考去想這些動物到底在害怕些什麼？為什麼狗會怕手扶梯？為什麼鸚鵡會怕人的手？我覺得最可惡的是，很多人會覺得自己的寵物很沒用，怎麼這麼膽小啊？其實這個換位思考非常簡單，只要想像你面對一樣的事情，但對象是巨大的外星人，還有未知的阿米巴星球，我就不相信你當下能夠多冷靜好嗎！所以在幼犬年紀越小的時候開始，積極地讓幼犬參與我們人類的生活，讓幼犬從生活中去習慣這些事情，自然而然就會有「嗯～這也沒什麼好怕的！」的想法。既然如此，社會化訓練我們又該做些什麼呢？我規劃了兩點，就是對「人」的社會化訓練以及對「環境」的社會化訓練。

ⓐ「人」的社會化訓練

簡單！就是讓幼犬可以常常見到陌生人。好！講完了。（寫這麼少會被仙女編輯飛踢吧……）以行為學習理論來講，當然就是要讓幼犬對陌生人留下好印象囉！不管大人還是小孩，人人都會輕輕地摸牠、給牠零食、陪牠玩、輕聲細語娃娃音。所以說，身為飼主的我們，可以主動製造機會，引導自己的朋友，或是家人小孩，「正確的」跟幼犬互動。

這讓我想到我小時候，畢竟當時的我長得非常可愛（要不是意外受重傷，不然本來還要去拍廣告呢～（炫耀）），總會有那種臉很髒、長得醜、嘴巴又很臭的親戚，或是爸媽的朋友來訪，一下逗我玩、一下捏我臉，要不就是譏笑我是個小胖子！看到我生氣對方又會很開心這樣。我跟大家講，這種只會用原始腦活著的人未來一定會有報應，因為這種人只知道自己當下爽，完全不在乎別人的感受，我甚至聽過有某長輩當著大家的面在玩晚輩小男孩的性器官，無聊當有趣非常的糟糕。而這種人對待小動物也是無比的粗暴，把逗弄小動物當作樂趣。狗為什麼會咬人，就是因為牠已經被逼到無路可躲了，只好拚死一搏。當幼犬被欺負到無力反擊的時候，情緒跟壓力只會累積在牠的心裡面，等到牠長大學會怎麼反擊了，就會變成難以挽回的攻擊行為。

所以身為飼主，雖然不需要過度保護幼犬，但卻可以積極主動的引導其他人如何跟幼犬互動。一但遇到對方出現不可理喻的對待，或是觀察到幼犬的狀態處於弱勢，記得為了你的毛孩子發聲說：「不！」

不過話說回來，大部分的幼犬都是很願意接受陌生人的，基本上幼犬的幼年時期只要沒有受過什麼嚴重的創傷，長大後也能對人類表現友善。但大家不要覺得動物對人類友善是很天經地義的事，以為動物只要從小飼養就一定會跟人類親近，大錯特錯！例如像是還沒羽成的幼鸚鵡，看到陌生人可是會像見到鬼一樣尖叫的，而且鸚鵡如果沒有從小「特別」獨立出來做對人類的社會化訓練，鸚鵡長大後是百分之一百萬會攻擊人，有時候甚至連主要照顧者也命在旦夕的好嗎。

雖然狗不至於像鸚鵡這樣的瘋癲，但成犬看到陌生人齜牙裂嘴的樣子我想大家也不陌生，積極地讓幼犬從小開始做人的社會化訓練，你也才能獲得一隻平靜穩定的狗。我聽超多人說過：「狗就是要看家，看到陌生人要叫，保護主人。」Come on～都什麼時代了，我們不需要靠狗來保護我們了，狗狗是我們的孩子，讓牠能夠心平氣和，天天開心的生活著不是更好嗎！

b 「環境」的社會化訓練

環境社會化就是多帶狗出去外面，講完了。（仙女編輯除了飛踢，應該還會拿稿紙甩我的臉！）

環境社會化包含的範圍就很～大很Huge了！舉凡像是物品、聲音，包羅萬象，拆開來討論又太多講也講不完，我不可能逐一列舉：「(1)我們要讓幼犬認識桌子、(2)來認識椅子、(3)來認識……」

我在此鄭重地告訴大家：「『環境』的社會化訓練，花上一輩子都講不完！」

你知道一輩子有多長嗎？項目有多多嗎？**不知道！**而且縱使做了再萬全的社會化訓練，就是會在某年某月的某一天，會有防不慎防的突發狀況。

像是我的鸚鵡金瓜，有一天突然。變得非常害怕任何黃色的東西，我朋友在一旁看到金瓜被警示用的黃色布條嚇一跳，然後滿臉疑惑看向我，我告訴他金瓜最近突然害怕黃色的東西，朋友疑惑的說：「啊牠自己不就是黃色的嗎？」喔……對啊……金瓜的頭確實是黃色的，所以我真的

也不知道該怎麼回答朋友的這個問題，因為我自己也覺得金瓜牠很莫名其妙（然後現在牠又不怕了，真的無解）。

還有一次經驗，是我正帶著訓練犬史逼在街上訓練，走著走著，牠突然嚇到跳起來，飛得超遠，然後牠看著牆壁，再看著我，牆壁上也沒有其他狗的尿漬，不確定是不是有什麼味道，簡單來說我認為牠看到鬼了吧，反正我也沒有陰陽眼，無論如何都是無解，就這麼認為好了。

另外還有一種東西，是我們飼主沒有辦法提前為了訓練準備好的，就是突如其來的聲音，例如像是打雷聲，真的好多狗會怕打雷！會嚇到找小角落鑽進去，開始滴口水還有喘氣，表情非常的窩囔。除此之外，在臺灣也常常會在競選跟廟會活動時施放鞭炮，聲音也是大到一個嚇死人。而且要知道臺灣人愛放鞭炮到什麼境界呢？環保鞭炮已經不是稀奇的東西了（環保鞭炮的紙屑比較少），真正環保的，是有一次我在辦公室打報告，就聽到外面遠方傳來一整串放鞭炮的聲音，想說「太好了！」趁這時候來觀察看看訓練犬們聽到鞭炮聲的反應會是什麼！於是我抓了狗碗跟飼料包就牽著幾隻狗出去大門口等。過程中一直都有聽到巨大的鞭炮聲，但就是沒有煙，也沒看到有人在放鞭炮，更沒看到鞭炮炸開來的樣子。等到廟會隊伍靠近才看到……原來是一臺音響！而且是放鞭炮聲的專用音響耶！那個聲音還原度超高，大聲到音響車從我們前面路過，都可以感覺到震動感，真的是太炫砲了！I Like it！（還轉頭問主管要不要也買一臺訓練用～）

不過話說回來，社會化訓練的東西包羅萬象，不僅沒有辦法預期，更沒有辦法掌握幼犬會不會有過度的反應，既然如此該怎麼做呢？這時候就請各位飼主把重點回歸到自己的生活習慣上，因為你訓練的不是導盲犬，你只需要 Focus 在你的需求上，你有什麼習慣，就帶著幼犬一起做（當然除非你宅到天理不容，請你還是勤勞一點，替幼犬設計戶外的社會化訓練，因為你還是有可能會有出門的一天！）。

不管你是習慣爬山的人、習慣去海邊的人、還是習慣逛百貨公司的人、習慣開車的人、習慣飆車的人，就順著自己的習慣，多帶幼犬一起參與自己的生活。例如我是一個習慣騎車出門的人，我飼養的動物，不管是鸚鵡還是狗，都一定要學會坐摩托車，習慣速度感，學習自己在這個速度中怎麼保持平衡，習慣旁邊的車子經過，還要對交通中的突發狀況視若無睹，這是非常重要的！因為如果我飼養的寵物沒有辦法適應摩托車，我的交通方式就必須被侷限，或是牠就得在家裡等我，那我又必須限定多久的時間之內一定要回家……與其這樣，倒不如讓寵物從小就適應我們飼主的生活，一切也都會變得簡單一些。

如果是尚未施打完三劑疫苗的幼犬，在做戶外社會化訓練的時候，一樣可以讓幼犬在地上走走聞聞，只是絕對要挑選乾淨的地方，像是騎樓、人行道，或是人多且可以帶寵物進入的室內，而如果是沙地、草地、電線桿周圍等，不確定有沒有其他動物排泄物的地方就一定要避免。

上一段提到的「人多的室內環境」我需要解釋一下，因為導盲犬沒有出入公共場所的問題，過去我都是帶著寄養家庭家長到大型量販超市、百貨公司、影城、大眾交通工具等地方進行幼犬的社會化練習。但因為現在我們都是寵物犬飼主，很難有機會帶著寵物幼犬在這些公共場所自由行走，可是這種居家以外的室內場所的社會化訓練也很重要，因此還是請大家思考看看，生活環境周遭是否有這樣的地方讓幼犬可以進去走來走去。百貨公司跟超市賣場不能放幼犬到處跑，而寵物餐廳也不一定是個好選擇，因為寵物密度太集中，很難避免傳染病問題。有一個折衷的辦法，飼主可以抱著幼犬，或是讓幼犬坐寵物推車到這些地方去逛逛，還是可以達到基礎程度的社會化訓練。

帶著幼犬一起做社會化訓練不是難事，困難的像是鞭炮聲跟打雷聲，不定時才會出現的巨大恐怖聲音，不可預期又不容易準備，那該怎麼辦？其實還是有跡可循的！例如我們可以帶幼犬主動去找會放鞭炮的地方，像是各地區的神明誕辰或是遶境活動，絕對是鞭炮放個三天三夜也不會停（好的我浮誇）。如果是打雷聲，可以從天氣預報來留意容易打雷的時間點，例如像是春天、雨季，還是颱風前，先把幼犬最喜歡的玩具還有零食準備好，等到聲音一出現，主人很平靜，表現出不在乎的樣子，或是自然地引導幼犬參與遊戲，把幼犬的注意力Focus在玩樂上，盡量讓幼犬的思緒往「哇～這個聲音雖然一開始好恐怖好可怕！但聽到聲音可以有好吃好玩的耶～」這個方向前進。我必須說，要完全執行到這麼正向相當不容易，但方向對了，自然幼犬的心思可以變得比較能冷靜來面對。這時候一定會有很認真的同學想要舉手發問：「既然如此，我們為什麼不直接到金香店買鞭炮來放？或是使用鞭炮聲的音檔不就好了呢？」

這個同學真是問了一個好問題（我幹嘛自言自語好瘋）。這個操作模式不是不行，但手法有點拙劣，有時候動物並不會笨到不知道那是你製造出來的聲音，例如鞭炮，如果牠看著你放，動物可能就會變得沒這麼恐懼了。如果真的要配合訓練，可能還要找另一個人協助在附近放鞭炮才可行。打雷聲更是困難，因為在打雷之前，空氣中的濕度、溫度跟平時就是不一樣，我之前就看過前輩的一隻訓練犬，還沒打雷就已經開始喘了，然後開始找桌子底下，或是運輸籠準備要躲起來。另外打雷聲音的環繞度，也很難用音響還原。因此我認為做好完善的社會化訓練的計畫，反而是最簡單、最實際的做法。

C 社會化訓練不是萬靈丹——社會化訓練的風險

雖然說社會化訓練非常重要，但社會化訓練所產生的風險，請大家務必要留意！

許多專家學者都建議，幼犬在三個月齡前應該盡早進行社會化訓練，接觸不同的陌生人，尤其人類小孩行為魯莽又不知輕重，應該將「小孩社會化」納入寵物幼犬社會化課程當中。但因為導盲犬從出生開始，就已經在進行各項的訓練，課程基本上也都是在訓練中心的掌握之中，所以幼犬的行為再怎麼歪掉，也會歪在我們可以掌控的合理範圍內。

但今天假設你養的是一隻來自收容所的幼犬，你不能確定這隻幼犬過去受過什麼樣的刺激，因此，在社會化訓練的過程中，更應該仔細觀察幼犬對事件反應的行為是否有偏差，例如驚嚇後難以回復、表現弱勢，甚至是安定訊號[2]不斷，就必須做訓練上的調整，不然這就不是在做社會化訓練了，而是在對幼犬進行霸凌，甚至會讓幼犬長大後，突然有一天會蹦出恐怖的問題行為。

這件事情我有很深的體悟，像是家母對我也有一樣的疑問，小時候我是他心裡乖巧聽話的小寶貝，怎麼長大後一切都變了，變得這麼會頂嘴？這沒有什麼好懷疑的，就只是我的智商已經能將我不舒服的感覺表達出來了，以前不說出來不代表我接受，OK！

另外我在念教育學的時候也聽過一些例子，某些小孩因為字彙不足，沒辦法完整地將情緒表達出來，這個憤怒累積到一個程度爆掉，就開始打人、咬人，或是丟東西等等，這不是代表他壞，而是他講不出話來，情緒爆掉了需要出口宣洩。

這個例子放在狗身上也是一樣！朋友A非常照顧自己的狗，常常帶狗一起上下班，也幾乎天天帶狗出去跑跑。社會化訓練看似做得很足，但狗狗長大後卻還是有攻擊行為。當我請一個訓練師朋友幫忙看這隻狗的狀況，訓練師朋友看了這隻狗小時候出去玩的影片，點出了一個很大的重點，就是這隻狗小的時候雖然到處去玩，但過程中行為表現得極度弱勢，也相當害怕，朋友A沒有觀察到狗的情

2 安定訊號（Calming signals）：狗的肢體動作與表情，可以藉由做出安定訊號，來對另外一隻狗表現出友善、緩和自己與對方的緊張情緒、防止攻擊等功能。常見的有：打哈欠、舔嘴、撇頭、不正眼看對方、抬起單腳、低幅度搖尾巴等等。

緒，還覺得狗狗的動作好可愛~等到狗狗長大了，一次反擊含人手的動作，成功阻止人類摸牠，一不小心學會了使用攻擊來處理情緒（訓練師最後給朋友A的建議，就是用貓的方式跟這隻狗相處😆，狗狗可以主動來磨蹭人，但我們不要主動去摸牠，反正牠蹭完就會走了，是不是一隻披著狗皮的貓！）。

引導訓練期

導盲犬在這個階段開始正式接受導盲訓練，這些訓練課程就會跟視障者的使用操作上有直接的關係。當幼犬在寄養家庭中照顧到大約一歲，就會將幼犬招回訓練中心，並且安排做身體檢查以及行為檢測，確定身體健康的幼犬才會成為訓練犬，安排進行引道訓練，或是選作為種犬，而健康狀況不及格的幼犬，則會直接進入到收養階段。

在正式訓練前，一定會安排個良辰吉日進行結紮，因為結紮手術可以幫助訓練的執行，公犬會表現得更為專注，侵略行為降低，減少破壞，行為較為安分；母犬則會較為放鬆、順從。而且結紮後也可減少未來生殖系統的相關疾病，例如子宮蓄膿、乳腺腫瘤、睪丸癌等。

記得有一年，我接到一隻很妙的訓練犬小啾，牠的同胎姊妹們通通已經來過一次生理期了，偏偏只有小啾還沒，所以結紮手術[3]一直沒辦法安排。畢竟我是一個急性子的人，雖然寄宿家庭姐姐照顧小啾照顧得非常開心，也不影響我的其他工作，但一直沒辦法安排小啾的訓練對我來說心裡很折騰，好像有一件代辦事情還沒有處理這樣。所以在主管同意後，我就帶小啾去獸醫院檢查，也滿懷欣喜

3 各獸醫院建議的結紮最小年齡不一定一樣，而前公司對母犬結紮的時程是設定在第一次生理期後。

預約好了結紮日期。但老天爺就是沒有打算放過我，就在要結紮手術前的幾天，寄宿家庭姐姐突然打電話給我，說小啾生理期來了……。OK～手術預約取消！我不該心急～老天爺我就等好不好～（不過這就是緣分，也是因為小啾一直沒辦法安排訓練，所以我才改接手訓練小啾的同胎姊姊，也就是我的得意門生小波）。

而一隻導盲犬完成所有的訓練課程後，訓練師會戴上眼罩，模擬視障者的狀態使用導盲犬，只要導盲犬能完成路線，過程中的表現也不會有膽小、分心、意願低、攻擊等行為，基本上這隻狗就可以待業，跟視障者進行配對的共同訓練。

共同訓練與工作期

這邊一定要強調一下，導盲犬就是狗，沒有這麼神奇知道便利商店在哪裡，也不會看紅綠燈，更不可能知道要搭哪一臺公車，全部都是依照視障者定向行動的指示，告訴導盲犬這邊要直走，哪邊要左轉彎，哪裡要過馬路這樣。因此當視障者向訓練中心申請導盲犬，導盲犬指導員就需要經過多方評估，瞭解這位視障者的生活作息、定向行動能力、行走習慣、身高體型、走路速度等因素，來判斷這位視障者對導盲犬的操控能力，然後再從現有已完成訓練的待業導盲犬中，挑選出適合這位視障者的導盲犬，並開始進行為期數週密集地共同訓練。

視障者在共同訓練期間，要學習如何靠各種感官知覺來獨立照顧導盲犬所有生活起居，也要學習固定指令來操作導盲犬，導盲犬也在這段期間熟悉新的主人，培養感情、默契。共同訓練期後，視障者與導盲犬即可回家，指導員也會安排時間做訪視。

退休期

大型犬隻的平均壽命大約是十二至十五年。導盲犬服役至八歲左右就邁入高齡，指導員會密切評估八歲之後還在工作的導盲犬身體健康以及工作狀態，最晚服務到十歲退休，進入收養階段。退休後的導盲犬也不再具有導盲犬身分。

我失敗的養狗經驗

我的第一次養狗經驗，算是糟糕至極的吧！在我進L公司前，我們部門就已經有兩隻狗，一公一母，年紀算是不小，分別被關在部門後院的籠子裡，雖然天天打掃餵食，但偶爾才會有同仁帶他們出來散步、洗澡。

一開始我的工作跟這兩隻狗扯不上任何關係，而且我也不想攀上關係，又臭又髒的，能閃就閃。直到有一天，實習生匆匆忙忙地跑來跟我報告，說他們在洗籠子的時候，沒有注意好兩隻狗的距離，發現的時候兩隻狗正在交配，拉也拉不開來……。一聽只驚覺不好！不可！不妙！跟著實習生趕快衝去狗狗的籠舍區。到了春宮現場，兩隻老狗已經呈現屁股對著屁股的狀態（代表已經交配結束，公犬在等陰莖恢復原狀，才有辦法從母犬的陰道裡移出），看來是已經來不及了……，只能祈禱老夫老妻沒辦法老蚌生珠，不要懷上才好。但事情當然就跟聰明的各位想的一模一樣～一個月後給獸醫檢查，超音波跟觸診都發現有三隻寶寶……無奈之餘，只好開始準備可以生產的產房。

小狗出生後，很奇妙的只生下兩隻？因為不會照顧，不懂要怎麼訓練，平常工作也忙，漸漸地，兩隻幼犬就跟這兩隻老狗一樣，也默默地被關在後院的籠子裡，可以說，這兩隻幼犬從小就是過著不見天日的生活，沒有快樂的童年，個性也逐漸扭曲，出籠後總是暴衝，甚至會有咬人的行為。

除此之外，雖然狗狗後來全部都送人了，但在送人之前，公司的藥品偶爾會缺貨，我們也沒有很積極地另外購買，因此預防藥並沒有每個月定時讓狗狗們服用，導致其中一隻狗珍珍心臟中塞滿了心絲蟲，縱使在狗狗的晚年，新飼主有積極地帶牠做治療，但心臟中塞滿了寄生蟲，身體一定很不舒服，而且分離焦慮極度嚴重，在牠過世之前的每一天，一定過得很痛苦吧……。我有聯絡的珍珍是如此，另外三隻想必也是這樣不幸吧。

在我學會照顧導盲犬後，這段記憶讓我很自責，午夜夢迴總是會驚醒（太浮誇了），因為我的不積極，帶給四隻狗在臨終前一輩子的傷害，而且是極度的痛苦。如果可以重來，我是不是可以再積極一點、勇敢一點，為牠們多做些什麼呢？

UNIT 2

汪星人的使用說明書

傳統動物訓練 VS. 正向動物訓練

相信大家一定都聽過「傳統動物訓練法」以及「正向動物訓練法」吧！經過蒐集身邊朋友，還有演講時遇到民眾所做的調查，大家根本就是膝反射，直接會把傳統訓練歸類成對動物施暴、馬戲團跳火圈、毆打等形象，然後正向訓練就歸類成特別目的訓練的工作犬，還是動物輔助治療、陪伴動物等好棒棒的形象。老實說我不太喜歡這樣的二分法，因為我認為傳統動物訓練跟正向動物訓練，本質上是一樣的。

「傳統動物訓練法」重視的是過程，也就是工作分析法，簡單來說就是「步驟」。在準備指導動物某個行為前，先預設好要怎麼拆解步驟，讓動物可以一步一步地學，例如說我要教一隻鸚鵡拉旗子，首先牠要先願意靠近旗臺，再願意走上去，再願意碰繩子，再願意向下拉繩子一下、願意拉兩下、願意拉三下，巴拉巴拉以此類推，最後可以把旗子拉到最頂。當然過程已經做了簡化，但基本上就是像這樣一個步驟、一個步驟，讓動物完成預設要牠做的事情，這就是「工作分析法」。

不過，在這些步驟的教學過程中，為什麼動物會去做？說穿了就是因為有好處啊，所以在工作分析法的前提下，做這件事情會爽，或是做了會避開不爽，例如不會被鞭打這些，所以動物會願意繼續做下去。因此，傳統訓練中有沒有使用到行為學習理論？有！

那正向動物訓練重視的是什麼呢？我認為「正向動物訓練法」重視的是動物的感受，雖然說就是行為學習理論，但我認為會比較偏向操作制約法，就是什麼正增強、負增強、懲罰那個齁，讓動物喜歡做這件事情，然後開心的做。

但是，教學過程中還是會使用工作分析法去教，一步一步來。所以傳統訓練跟正向訓練對我來說是一樣的，都會使用工作分析法，也都會使用行為學習理論，只是著重的點不一樣。

假設我要訓練一隻狗坐下[4]。傳統動物訓練法就會相當直覺，直接用手壓狗的屁股，當屁股被一股從上往下的力量壓住，雙腿承受重量感到不舒服，只要後腿彎曲，屁股放置地面，重量的壓力就會解除（負增強訓練），久而久之只要輕輕戳狗的屁股，並搭配指令，狗狗就可以學會坐下了，訓練成功！

而正向動物訓練法則會採相反的方式，讓狗自己自主想把屁股放在地上，例如拿一顆飼料放在狗的鼻子前，不讓狗吃到飼料，並且將飼料逐漸舉高，往狗的頭頂移動，狗的視線及脖子就會跟著飼料提高，當視角高到某個位置，狗為了讓自己可以更看清楚飼料，屁股就會自動放下來，然後飼料立刻就被塞進嘴裡，爽！（正增強訓練，請參考UNIT3飼主與狗狗必學的六大指令中的「Sit」），一樣是訓練成功！

兩個訓練法相比，是不是正向訓練感覺起來好棒棒，傳統訓練打咩打咩[5]？我覺得不是，因為「坐下」算是一個狗本能就會做到的動作，引導起來本來就不困難，但如果今天我們要訓練的是狗本能比較少出現，或是沒有的動作，例如後腳站立殭屍跳，多少都需要將狗的身體托起來，甚至是用牽繩提起來，那就很難單就一個正向訓練的面向來做引導，而是需要組合不同的方法來塑形出我們要狗做的行為，那就很難保證動物在訓練過程中完全的感受正向。

另外剛剛有提到，正向動物訓練法會偏向使用操作制約法，那我們就來看一下什麼是操作制約？

---

4 狗坐下的操作型定義：當一隻狗四腳站立，這時屁股放下至地面，前腳依然直立撐住身體。

5 打咩打咩：日語，だめ，不可以的意思。

操作制約簡單來說就是在討論增強跟懲罰！欸～各位，懲罰耶，操作制約有懲罰耶！所以各位你真的能夠確定，正向動物訓練法中完全沒有使用懲罰嗎？這時候應該會有人想說，我錢包裡有紙鈔也有銅板啊，難道老子我不能爽用銅板嗎？（華妃臭跩臉）買一個十來萬的小香包，我就準備十來萬個一元銅板難道不行嗎？可以可以，當然可以～既然如此，操作制約法裡有增強跟懲罰，難道我們就不能只用增強而完全不用懲罰嗎？我覺得這有點偏向邏輯問題了，那不如我們就先來看看，行為學習理論到底是什麼東東。

行為學習理論

一個優秀的動物訓練師，其實可以不必瞭解什麼是行為學習理論，因為對大部分的傳統訓練師來說，他們腦袋中已經內建了怎麼樣跟動物互動的機制了，所以在互動的過程中會自動產生所謂的「訓練邏輯」，讓他們在指導動物的時候，知道要在什麼時間點下指令，什麼時間點要停止訓練等等。

身為一個把行為學習理論拿來寫碩士論文的動物訓練濕我本人齁，我認為瞭解行為學習理論，在動物訓練的過程中根本像是開外掛一樣，可以更容易在進行訓練教學卡關的時候，回頭用理論來解決問題。縱使各位都是一般飼主，但如果能應用行為學習理論在生活中，絕對能感受到寵物對你做的反應會有回饋。但大家不用擔心這些內容很難理解，畢竟我這種水母腦都有辦法用行為學習理論掰出一張文憑了，各位一定要相信自己也做得到。況且這本書主打的就是訓練，再怎麼硬的內容通通都給我吞下去～（惡婆婆眼神）

1 古典制約作用

從前從前，俄國有一位生理學家帕夫洛夫（Ivan P Pavlov, 1849-1936），他當時為了要收集狗狗的口水來做實驗，意外發現每次準備食物（無條件刺激物）的時候，明明食物都還沒有拿出來，狗狗就已經開始在流口水（無條件反應），因此瞭解到，喔～原來刺激物會讓訓練對象產生反應，相反的，鈴鐺聲（非刺激物）就不會，這很好理解吧！但是，當食物（無條件刺激物）跟鈴鐺聲（非刺激物）產生想像中的連結時，欸～Magic～神奇的事情發生了！鈴鐺聲居然也會讓訓練對象產生流口水的反應。

就拿狗狗流口水這件事當例子：一開始狗狗看到食物（無條件刺激物，UCS）會流口水（無條件反應，UCR），但狗聽到鈴鐺聲（非刺激物，NS）不會有反應。之後每當鈴鐺發出聲音，狗狗就立刻吃到食物，或是食物跟鈴鐺聲同時出現，久而久之，鈴鐺聲就不再是沒有意義的聲音，狗狗只要一聽到鈴鐺聲（條件刺激，CS）也會跟著流口水（條件反應，CR）。

古典制約作用

利用鈴聲的條件刺激，讓狗狗產生流口水反應。

當我們聽到「檸檬汁」或是「酸梅」這類酸溜溜的東西，就會有分泌口水的感覺，但你今天如果跟一個完全不懂中文的阿多仔講「檸檬汁」三個字講到死，他口水也不會分泌半滴的。接著我們讓阿多仔學習「檸檬汁」這三個字，並對應到他的母語，例如說lemon juice，他口水可能就會爆了！所以「檸檬汁」這三個字，原本對阿多仔只是一個無意義的單字，但當跟阿多仔的母語單字產生連接後，就能讓阿多仔產生流口水反應，這就是古典制約！

例二

我覺得這套說明應用在風俗民情上也會很好理解。比方說用手指比出數字，臺灣人的反應會用單手握拳，伸出拇指跟小指的方式表示「6」，如果要表示

「7」，就會單手握拳，伸出拇指跟食指來表示。但如果是日本人，則是用一隻手掌完全展開，然後用另一隻手加一加二的方法表示「6」跟「7」。因為臺灣與日本的文化和歷史不同，學習到的方式不一樣，自然我們被制約的動作就會不一樣。

古典制約比較常應用在我們建立新關係、新模式，以及建立新指令給動物的時候。例如第一次見面的訓練犬，我第一個訓練通通都是徒手餵食，飼料一顆一顆的給，邊給邊用娃娃音講話、稱讚牠還有叫牠的名字（也可以建立指令「Watch」訓練對視，在緊急跟非緊急狀況時喚回狗的注意力），並且重複很多次，在牠滿懷期待要吃下一口的時候給牠一個大稱讚，然後把剩下的飼料通通倒給牠吃（千萬不能在動物玩膩，或是吃飽沒興趣了才結束訓練課，會事倍功半）。

藉由徒手餵食飼料把我們的聲音與所說的話，讓訓練犬產生意義上的連結，所以這也是為什麼，訓練犬有可能會不聽訓練師或是飼主以外的人的指令，簡單來講就是不認識這個人，我為什麼要聽他的話？這就是聲音的制約！聲音制約其實還有一些挺可愛的例子，假設今天我們在外面看到什麼蕭查某在路邊大吼大叫，我想我們頂多只是看一眼，確認自己當下沒有危險也不會太留心，就會繞路走過。但要是令堂 or 令女友，聲音只要有一點點的不悅，我想各位應該就會立刻從沙發上飛起來然後立正站好了吧！

建立指令也是一樣，當狗狗聽到「Sit」會坐下，是因為我們在訓練的過程中有進行引導，不管訓練過程是用戳的、壓的、打的（負增強 & 懲罰），還是用飼料吸引的（正增強），只要能讓狗狗因為這個指令而產生屁股放下來的動作，**讓指令與行為成立**，那這就是古典制約。

替代性指令也是我很喜歡，也很常做的古典制約訓練，只要是我訓練的狗都會聽「彈指」的指令，因為導盲犬的訓練目的總是會跟公益、身障者扯上關係，因此訓練師與狗狗會有非常巨大的形象包袱，出門在外當然要表現得很乖巧聽話，我們訓練師也必須讓狗維持良好的形象，所以我們會被要求狗狗要能達到聽從指令，並且盡量維持在這個指令的狀態下，狗狗可以表現平靜，不會被其他外在東西給吸引。

例三

舉例來說，指令要狗狗趴著，狗狗就要盡量維持趴在地上的姿勢或是睡著，縱使旁邊有兩隻松鼠跑過去，也希望狗狗能夠淡定地看待這一切，不會因為松鼠而跟著跑走。但前面有說到，導盲犬就是一隻狗，沒有這麼神奇到完全不會受到其他外在事物的干擾，尤其年輕狗狗的個性通常也比較活潑，要真的完全淡定看待世俗的這一切實在是有點困難，多多少少還是會被外在因素影響而站起來，如果這時候訓練師又不斷地在旁邊碎嘴指正狗狗，重複要求牠們「down、down、down」的，我覺得實在是不好看。後來我就在訓練中增加了一個彈指的聲音，來替代我一直用口頭要牠們趴回去的這件事情，聲音既小又非常明確，狗狗可以很快發覺並且產生動作，通常狗狗看著遠方的松鼠，可能才正要站起來的瞬間，聽到我彈指的聲音就會立刻回神，並且就以「OK……我知道囉……」的表情趴回去了這樣。

2 操作制約作用

操作制約作用的代表人物是美國的心理學家桑代克（Edward Thorndike, 1874-1949），這位大爺設計了一個迷籠實驗（Puzzle Box），來觀察貓咪怎麼

操作制約作用

藉由在特製籠子內觸碰機關，讓貓咪學習到開門的方法，並經由重複的練習，有效踏到機關的行為增加，甚至可類化到其他相似機關。

貓咪可以看到外面的食物但卻吃不到，只能在籠內走來走去

過程中意外觸碰到機關

3

機關開啟籠子的門

4

貓咪順利吃到籠外的食物

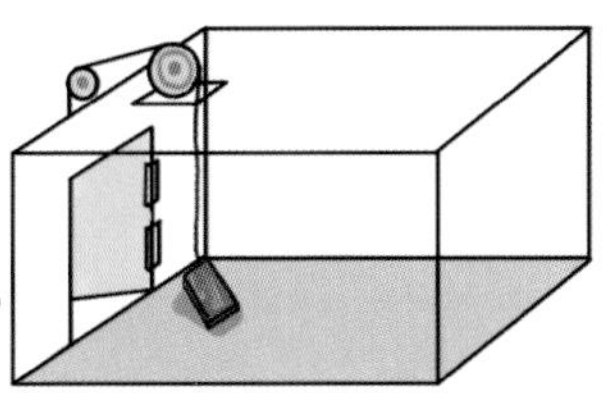

樣學會開門，然後吃到籠子外的食物。跟帕夫洛夫利用刺激讓動物產生反應不一樣，桑代克是用刺激情境，促使動物做出一個相對應的行為。

這個迷籠實驗呢，是將一隻貓關在特製的籠子裡，讓貓咪可以看到外面的食物但卻吃不到，就只能在籠子裡來來回回走來走去，摸著下巴思索著怎麼樣可以出去的時候（貓咪不會這樣子做的！），說時遲那時快！一個碰巧踏到了籠子內的機關，門就叮咚叮咚！Open！打開了，貓咪順利走出去並且吃到外面的食物，產生「爽～～～」的感覺！未來貓咪踏到機關就不再會是巧合，因為牠學習到踏機關就能出去吃到食物而且會很爽，踏機關的行為就會產生，甚至會類化到其他相似的機關。

所以說，操作制約作用是藉由某事件產生某行為結果，無論這個行為是好還是壞，或是有沒有產生反應，都會影響這些行為未來重複發生的機率，請同學這邊用紅筆畫線還要打五顆星星。是什麼意思呢，舉個例子～

例一

一隻鸚鵡會講「謝謝」，我們利用增強物，不管是稱讚還是給牠吃瓜子，讓牠覺得講「謝謝」是一件很爽的事，自然牠會很喜歡講「謝謝」，講「謝謝」的行為就被增強了，那這隻鸚鵡就會有事沒事拚命講「謝謝」。相反的，如果牠一講「謝謝」，腳底下的站棍就會通電，莫名其妙被懲罰，嚇死！講「謝謝」就會變成很可怕的事情，當然不會想要講「謝謝」，行為就會減少。所以大家能理解嗎？增強意思是會多一個行為，懲罰是會少一個行為。

還記得第一次跟師父見面，是他來到我當時工作的G農場玩，並且來看我的鸚鵡表演。那時候只知道他是一位在動物訓練界相當知名的人，而我當時才入行不久，看到一個超級Super Huge！大前輩來到我面前，當然要死命抱著他的大腿拚命問問題啊，然後就討論到當時我一個一直卡關難解的問題：「明明訓練後有給鸚鵡『獎勵』，但為什麼鸚鵡似乎沒有明顯的進步？」

師父很明確地告訴我：「訓練後給的那個瓜子或水果叫做『增強物』不是獎勵，獎勵應該是你這個人，你愛牠，稱讚牠那個才是獎勵，其餘給的東西叫做增強，讓牠喜歡做這件事情。另外，你給增強的時間太晚了，要再快一點。」說完，師父就像神仙一樣飄走了，留下在原地傻眼的我，因為我完~全聽不懂唷！後來換位思考想想，就大概能理解獎勵跟增強之間很微妙的差異。

例二

就好像我們工作每個月會得到一筆薪水，拿到錢確實會開心，但工作就是對價關係，如果我們覺得自己得到的薪水低於所付出的心力，那這筆錢就不會讓我們開心，沒有被這筆錢獎勵跟增強到，也就會想離職對吧！但如果說每天都能從工作中得到一些成就感，老闆會稱讚你做得真好，同事感謝你的協助，客戶偷偷告訴你這件事沒有你來處理不行，如果是誰誰誰來做一定會被他搞砸（一定要搭配八婆的表情）。以上這些種種因為自己表現得很好，所以得到所有人的青睞，這些日常中的小小稱讚就會成為成就感，也就會是一種獎勵，縱使今天薪水發下來沒有完完全全的滿意，但足夠我們支付生活開銷，足夠出去享樂，甚至還能存到一點錢，好像也滿足了，這個沒有完全滿意的薪水，就不一定會成為想要離職的理由。

但講到這裡，好像還是沒有很理解「增強」到底是什麼東東對不對！那我們換一種方式解釋，把「增強」解釋成：「增加一個行為」、「行為維持」，而為什麼會增加一個行為？是因為做了某事後會很爽（或不爽），使得訓練對象增加了一個新的行為。例如正增強就很好理解，正就是多一個東西、事件的意思，增強是多一個行為，所以正增強會是「多一個東西，所以多一個行為」，而且正與增強是相互關係。

例三

例如說家姊就是一個「很俏皮」的女人，黑瓜只要大吼大叫，家姊就會拿一個核桃給牠吃讓牠閉嘴，所以這個正增強的公式就是：一個尖叫的行為，就會得到一個核桃，心裡真是爽，尖叫這件事就會被正增強，因此黑瓜常常有事沒事就會大吼大叫，姊我恨你（瞪）。

這邊再舉一些其他的例子：

①正增強：增加一個東西／事件，增加了一個行為

★主人曾經用塑膠袋裝食物，並且拿給狗狗吃。未來主人只要拿出塑膠袋，狗狗就立刻丟下玩具，端端正正的坐在旁邊一直看著你。

★一隻狗被綁在家門口，只要有陌生人經過狗狗就會對那個人大叫，當那個人一離開，狗狗以為是因為自己大叫，而驅趕了陌生人，就會覺得自己真的是好棒棒，真是有成就感啊～未來只要看到陌生人，就會繼續用吠叫驅趕陌生人。

★金瓜小時候，一次看我轉身去垃圾桶丟垃圾，我猜當時的牠有點焦慮，又剛好牠大了一坨便，然後我就走回來了，金瓜誤以為歐屎（客語大便的動詞是「歐」）就是能招喚回主人的霹靂卡霹靂拉拉神祕魔法，所以日後只要一看到我遠離牠，縱使沒有便意，金瓜也會硬是擠一小坨出來（我有點困擾牠怎麼習得這個……）。

大家有沒有發現，正增強不一定完全是出現在對我們人類有利的行為上，有時候對動物來說被正增強的事，也有可能會讓我們人類很困擾的。

負增強跟懲罰比較常會被搞混，但其實一點都不難分辨。懲罰是「消除一個行為」，負增強再怎麼樣它還是增強，會多一個行為，而負就是少一個東西、事件的意思，所以負增強的意思是「扣除一個東西，多一個行為」，跟懲罰的「消除一個行為」不一樣，對吧！

鬧鐘響了好吵，我必須起床站起來走過去關掉它，所以這個負稱強的公式是：「為了扣除掉鬧鐘的聲音，多一個起床的行為」；而懲罰是，我大吼大叫，被老師ㄆㄧㄤˋ一巴掌（客語賞巴掌的動詞是「ㄆㄧㄤˋ」），我就安靜了，懲罰公式就是「被賞一巴掌，大吼大叫的行為消失」。相反的，對老師而言，ㄆㄧㄤˋ我巴掌就能讓他換來安靜，所以對他來說ㄆㄧㄤˋ人巴掌是增強的行為，未來他就會繼續用ㄆㄧㄤˋ人巴掌來解決問題。

②負增強：扣除一個東西／事件，增加了一個行為

★狗狗看到公園向前衝了出去，但被牽繩還有項圈牽制住，因為主人是要去左

邊的商店買東西，沒有要去公園。被項圈拉住不舒服，所以順著主人向左拉的力量跟著左轉行動。

★剛吃完洋蔥，擔心口氣不好，約會前先咬了兩顆口香糖。

★不想被媽媽嘮叨房間髒亂，媽媽回家前把房間收拾乾淨。

③懲罰：消除一個行為

★屁孩看到鸚鵡好興奮，跑過去就直接伸手要摸鸚鵡的頭，立刻被鸚鵡咬破了指甲超痛，未來再也不敢摸鸚鵡了（但從鸚鵡的角度來看，只要出嘴咬人類的手，人類就會把噁心的鹹豬手抽走，對鸚鵡的感受來說是增強牠咬人的行為，未來也會繼續用攻擊人來解決鹹豬手問題。這也就是為什麼，市面上有一個「被鸚鵡咬不能抽手」的詭異都市傳說，要搞清楚前因後果耶！不然被咬了手很痛，幹嘛不抽手啊！奇怪欸你？）。

★某狗咬爆了一個抱枕，被飼主逮到犯案現場並且抓起來爆打，從此這隻狗心理創傷再也不敢接近任何一個抱枕。

★茂太郎十年前在學校廁所被蛇咬，從此很怕在廁所遇到草繩等任何條狀物。這就是俗稱的「一朝被蛇咬，十年怕草繩」（好爛的舉例……）。

從以上幾個例子可以做個小總結，不管是正增強還是負增強，只要是增強，就會是「增加一個行為」，差別就是「正」跟「負」的不同。正增強的「正」是「增加一個東西／事件」的意思，而負增強的「負」是意思「減少一個東西／事件」的意思。既然「增強」是為了「增加一個行為」，相反的，「減少一個行為」，就是我們平時說的「懲罰」！

原來這樣子的行為就是懲罰！

生活中總會出現一些小爛事讓人生氣，然後噴出一句關鍵的臺詞「你『不要』〇〇〇！」，例如：「『不要』喝冰的！」、「房間『不要』這麼亂！」、「『不會』加辣嗎？」、「襪子『不要』亂丟！」，是不是很熟悉～～～不管這是不是你的講話習慣？還是被媽媽囉嗦的舌頭折磨到身心俱疲。各位，你不孤單（抱），You are NOT alone!! 因為這就是華語文法的邏輯，會直接了當地告訴對方，你「不該」做什麼，兼具表達文意以及抒發不爽情緒的雙重功能，真是一石兩百鳥好棒棒的說話邏輯啊！但其實這樣的語言文法對我們這種心思細膩的人hen有風險，身為討人厭又玻璃心的巨蟹座，以及「忤逆父母委員會」資深會員aka吵架戰神的me，從小面對這樣的語言文法，會讓我有一種被攻擊的感覺，而且會覺得說，從小我們接受的儒家教育，不就是要我們學習與人為善，啊現在是怎樣？不要這、不要那的，好好講話很難嗎？要比派是不是！（有沒有感覺到我吵架戰神的靈魂要竄出來了～）

話說回來，這樣的語言邏輯跟「懲罰」有什麼關係呢？先跟大家說明一下懲罰是什麼（推眼鏡）。懲罰有一個正式名稱叫做「消去法」，意思就是「希望這件事情『不要』again再發生」，也就是前面提到的「減少一個行為」，而在我的邏輯裡，任何對對方說的「不要」、「NO」、「不可以」，就是在限制對方的自由意識以及行動，就是具備了攻擊及懲罰的意味。但從小接受體罰教育的我們，有因為被罰抄寫錯字一百遍、交互蹲跳繞行球場、半蹲、熱熔膠條打手心，而變得比較乖嗎？沒有！成績有變好嗎？of course沒有！如果被打有效我應該早就保送哈佛了吧（攤手）。被懲罰後，我上課時有比較安靜嗎？沒！有！老子我都快四十歲了，依然還是這個死樣子愛講垃圾話！尤其小時候我覺得最好笑的一個懲罰叫做「面壁思過」，就是要面向牆壁罰站，要我們反省自己為什麼被罰，如果嘻皮笑臉還會被罵沒有羞恥心，笑死～我還真的沒有羞恥心！因為我的頭腦簡單到我根本不理解自己為什麼被罰，只知道自己是因為**某件事**被懲罰，但是做這件事很好玩啊，為什麼不能玩？**不能玩我可以做什麼**？

來來來，關鍵就是這最後一句「**不能玩我可以做什麼？**」意思是「不可以做某件事的話，我可以做些什麼？」，因此我認為，華語文法中的「『不要』做某事」是一段沒有講完的句子，重點我們要放在「我希望你『去做』B這件事」，而不是只表達「你『不要做』A這件事」。舉剛才上一段的幾個不完整的臺詞做為例子：

★你不是常說月經來肚子很痛嗎？再喝冰的會變得更嚴重喔，「喝點熱水吧！」我倒給你。

★聽說房間收拾乾淨可以改運招桃花耶，「你要不要試試看？」（連結一個對方有興趣的後果）

★這道菜沒什麼味道耶，「加點辣椒吧！」

★我下班後也很累，體恤一下，「襪子直接丟進洗衣籃裡好嗎？」

對～～～我知道句子變得很假掰，甚至連家母雲姐也嗆過我「對家人講話有必要這樣小心翼翼嗎？有需要這麼累嗎？」欸～我認為是必要的！越是親密的人，我們往往越容易忘記禮貌跟分寸，認為對方理所當然要做出我認知中的事，但偏偏你的另一半就是一個白目，說到底他就不是你肚子裡的蛔蟲，到底為什麼要期待他能完全理解你要他幹嘛，還不如直接了當地告訴他。

大家會不會發現，在人類世界的懲罰，多半跟反省有關係，我手賤而被鸚鵡咬傷，所以我要記得下次不能亂摸動物，投籃不斷的失誤，有可能讓自己越來越低成就，但我是不是要反省去看看別人怎麼投籃，增進自己的技巧。人類社會的懲罰，是希望你因為這個懲罰，不要再做那個我不喜歡的事情，但動物做得到這個反省嗎？為什麼大部分的懲罰對動物都沒有效，就是因為動物根本不知道自己有做錯，所以當我們不管是對人、對小孩，還是動物執行懲罰，就必須要思考到對方有沒有能力反省。因此在動物訓練的時候，與其期待一隻動物可能有機會反省，我們不如直接引導動物做出對的行為，這樣事情會不會變得更簡單一些呢！

懲罰跟增強一樣重要

在正向動物訓練法裡，通常會講到要如何引導動物，那個「引導」就是所謂的增強訓練。但動物總不可能always做對事情嘛，偶而還是會去啃一下電線啊、咬碎你的鈔票啊、吃掉你的襪子啊等等，做出這些天理不容的事情。在某～～～些正向動物訓練法裡頭，就會建議要用忽略、摔門轉頭離開等等的方式，讓動物的被關注度降低，甚至某些訓練機構是連一聲「NO」都不可以說。

大家思考一下，假設你正在吃便當，有一個你不太在乎，甚至有點討厭的同事，在你旁邊晃來晃去，突然說了一句：「哼！再也不理你了！」然後負氣轉頭離開，你當下的情緒會是什麼？「X，蕭查某！」對吧，然後繼續吃自己的便當。動物也是一樣，今天牠根本不在乎你的話，你的忽略、摔門轉頭離開，牠是一點感覺都沒有的。假設你的狗正在咬拖鞋，你忽略、摔門轉頭離開後還想說：「已經過十分鐘了，牠應該已經咬完了吧，我要來去稱讚牠沒有咬拖鞋的狀態！Let's Go!」還幫自己加油打氣這樣。回去的時候你會發現什麼呢～你會得到一支破碎的拖鞋，另一支拖鞋已經被狗給吞了！OK！所以當下的狀況怎麼可能不處理？

相反的，你很在乎的人，像是你的父母、還是你的另一半、好朋友，一樣在你吃便當的時候突然說：「哼！再也不理你了！」然後負氣轉頭離開，一樣的情境、一樣的內容，但你的感受就是不一樣，一定就是便當丟了追上去吧，想說到底發生了什麼事？你的狗也一樣，如果你的狗很在乎你，自然就會對你的忽略、摔門轉頭離開產生反應，牠會很緊張、很焦慮，所以縱使你沒有揍牠，也沒有罵牠，但牠這麼焦慮，難道就不是懲罰了嗎？冷暴力，也是暴力，OK！所以我覺得大家不需要否認，這世界上就是有懲罰這件事情，我甚至認為，懲罰跟增強都是中性的，都是自然的，沒有誰對誰錯，缺一不可。

最近我很迷聽唐綺陽老師的占星節目，簡單舉一個占星學中講的木星跟土星做例子（話鋒一轉轉好大，從訓練法講到占星！）。木星是所謂的吉星，代表著幸運、放大，那土星相反的就是凶星，代表著限制、壓力，而我們每個人的星盤中都有這兩顆星的存在，那為什麼我們的生命中需要土星？如果全部都是木星、金星這種吉星不是很棒嗎？為什麼生命中要有凶星呢？因為如果我們的生命中全都是幸運的木星，有吃不完的食物、用不完的錢，請問誰還會努力？相反的，我們的生命會因為被限縮、壓榨而更努力，變得越來越強，改變現狀，讓世界變得越來越方便。人生不可能永遠順利和苦難，同時是需要運氣還有努力的，所以木星跟土星在我看來是一樣的重要。

增強跟懲罰也是一樣，發現房間有蟑螂，是不是要反省自己太久沒有收垃圾了呢？被朋友羞辱變胖，是不是最近吃太多而且運動變少了呢？所以懲罰也是有意義的喔！讓我們去反省是不是哪裡做得不夠好。

舉一個正向訓練的負面例子：

朋友B相當漂亮，當年是我們的班花之一，而且還是一個super資優生，從小就相當有名，且不乏追求者。但上大學後課業壓力繁重，畢業後還努力完成了公務員考試，經過這些摧殘，朋友B變得非常非常的肥胖，縱使他現在一樣有那張漂亮的臉，但感覺就是沒這麼健康。而且就我的觀察，其實他對自己的狀態並不滿意，但也沒有絕對的企圖心想要改變，而我們身邊這群朋友不知道在臭俗辣什麼，也沒有人敢對他提起希望他瘦一點的事情。有一天，朋友B跟我提起他最近腰痠背痛的事情，動物訓練師的直覺讓我嗅到「機會來了！」於是立刻就八婆上身跟他說：「欸欸，我跟你講！自從我上教練課之後，再也不會腰痠背痛了！」「我做了○○運動後覺得好舒服喔！」之類的，我是不是很正向的八婆！

其他朋友聽到也趕快來加入我說服朋友B的行列，各自分享自己最近做了哪些運動，還有運動後身體越來越健康等心得，但朋友B完全不心動，甚至是用工作忙碌做為理由結束了這次的話題。雖然我能明白他真的是有多忙碌，但老實說，誰的工作不忙啊？每個人都是想辦法抽出一點點的閒暇時間運動，維持健康。人生中沒有困難，就不需要改變，正向的建議也就會沒有意義。對朋友B來說，瘦身不是他當下想追求的目標，縱使是對自己的健康跟體態不滿意，但面對眼前的忙碌，以及把握時間休息，縱使我們多正向地推薦他運動的好處，當他目前沒有絕對的因素需要瘦下來，例如疾病，或是遇到心儀的對象等等，就會沒辦法輕易地改變現狀了。

正向訓練師，難道不會使用懲罰嗎？

正向動物訓練法源自於海洋動物的訓練，例如海豚就非常的矜貴是餓不得的，牠會死給你看，也不能打，因為根本打不到~況且在水裡面，海豚根本可以殺人好嗎！有位朋友曾在某海洋公園工作多年，他上班的第一天，就目睹海豚殺人！那天的狀況是因為那隻海豚有一點情緒，一時不爽，就咬住岸邊工作人員的腳，當時那個人是在身上完全沒有任何呼吸裝備的情況下直接被拖進水裡！瞬間岸邊所有人都跳進水裡救人，當然那隻海豚也不是真的蓄意想要殺掉那個人，只是想捉弄人表達自己不滿的情緒，所以把人拖進水裡後很快就放開了，那個人也沒有事，只是我朋友上班第一天就遇到這樣的震撼教育真的也是嚇到要尿褲子了！既然不能打也不能餓，才漸漸衍生出現在對動物的正向訓練。但正向訓練說穿了就是行為學習理論，所以在正向訓練裡，就真的沒有使用到懲罰法嗎？

剛剛提到那位上班第一天就目睹海豚殺人的朋友凡凡，是一位非常厲害的動物訓練師，我很崇拜也很愛他～想當然我也很喜歡找他麻煩，畢竟海洋哺乳類動物的訓練非常強調自己很正向，為了想正名懲罰法在行為學習理論中的意義，所以我有事沒事就會巴著凡凡問東問西。有一天他終於受不了我了，才回覆我說：「對啦對啦，其實還是會使用到懲罰法，只是按比例來看，只要99%正向訓練，1%的懲罰，我們還是會算是正向訓練。」各位，see～正向訓練師也是會使用懲罰法的唷！但他們是做了什麼呢？假設他們要讓海豚從A水槽移動到B水槽，如果偏偏就是有一隻海豚他老大爺死都不進去B水槽，縱使B水槽中放了這隻海豚最愛的食物、玩具，這隻海豚就是死不進去B水槽，那該怎麼辦？既然喜歡的東西不管用，那就在A水槽放這隻海豚最討厭的東西，海豚老大爺不想跟最討厭的東西共處於A水槽，自然默默就會進到B水槽。因為要避開討厭的東西，只好勉為其難去不喜歡的B水槽，這就是操作制約中的「負懲罰」。

所以各位，不是只有毆打動物才叫做懲罰，運用動物趨吉避凶的習性，懲罰法在正向訓練裡頭也是很有用的！當然我這樣說，一定很直接地碰觸了大部分人對正向訓練的信仰，也絕對會被很多人討厭，會讓我招來麻煩，只是我會覺得現在是文字獄還是佛地魔嗎，怎麼連名字都不可以講？

再次強調，我們當然要對動物友善，不可以使用暴力，也不使用會傷害動物的器具做訓練，因為這樣的教學對動物的行為不會有幫助，甚至會有更糟糕的狀況產生。例如狗狗隨地便溺，等我們看到客廳心愛的白地毯上多了一條屎，再抓狗去聞那坨大便，然後罵牠、打牠到底有什麼意義？講過一百次了，增強跟懲罰只會出現在事件發生的當下，就連五秒前發生的事情就都已經算是過去式了，事後才對動物做任何增強跟懲罰都是沒有意義的，動物不容易將這兩件事情聯想在一起。再來，狗狗根本聽不懂人的語言，你在講什麼牠通通聽不懂，只會覺得你在發瘋，非常的害怕。而且狗狗的個性百百種，有時候你真的不會知道牠到底怎麼染上這些惡習，像是我就有遇過不知道為什麼學會吃屎的狗，家長沒有為了大便懲罰過牠，狗狗身體檢查也健康，每餐都有吃飽！無解，但有一天就突然又不想吃了。或是另一隻狗，牠對所有外在增強就是可以接受但沒特別有興趣，牠的增強就是當下自己想做的事情，牠沒有惡意啊，牠也什麼技能都學會了，但牠更享受當下自己想做的事情，難不成就因為不順我的意就要被揍嗎？這樣跟我相處簡直時時刻刻面對著一個瘋子耶，也太辛苦了吧！

在臺灣，推行不要打狗，對狗要做正向訓練已經差不多三十年了，我不認為已經達到一個完全沒有人在揍狗的理想，畢竟我還是時常會遇到，當有人知道我是動物訓練師的時候，斬釘截鐵地告訴我「狗不打不會乖」。身為一個吵架戰神，大家以為我會為此嗆回去嗎！NONONO（撇頭搖食指），有些長輩我也是惹不起的！而且這種事情有點像是信仰，盤根錯節在這些人的思想裡，不是光靠講道理他們就可以明白，簡單來說食古不化的人，他們的智商是追不上我們的車尾燈的（啊！不小心講出來了～我這張嘴真是～（俏皮掌自己嘴））。

不過我相信，現在已經二〇二三年了，以現今的社會風氣來看，越來越多的人可以認同要用「正增強」來教導動物，那我們可不可以也試著去思考看看「懲罰法」在操作制約法中的意義，而不是讓說個「NO」變成萬惡不赦的事情，包括連我自己也曾經是這樣迷惘過。

很久很久以前，剛入行的我，是從傳統動物訓練法開始學習的，在傳統的訓練法下，有很多令我感到困惑、討厭的方式，回頭想想那些畫面真的很可怕，這邊就不多做敘述了，而我有沒有做過？我必須承認「當然有」！只是我很確定自己不喜歡，所以才會去思考要怎麼做才會更好。

可是一個什麼都不會的初學者，你的前輩怎麼教，你就會怎麼做，而且會變成與前輩一樣的人，縱使心中有滿滿的困惑，但是在沒有其他答案的時候還是會這樣繼續做下去。這樣的日子久了，困惑就會像雪球一樣越滾越大，身為一個動物訓練師，我的訓練方法不夠正向，我感到好羞恥。所以身為教學者，我們是不是必須要有很強的自覺能力，當發現自己做得不對、不夠好，甚至是看見動物痛苦及害怕的時候，有沒有辦法找到其他的出路、其他更好的方法？這時候正向訓練絕對是一個很好的選擇，相對簡單，也可以讓訓練方法變得更有策略。

但是當我能融會貫通行為學習理論之後，我能夠更有自信地告訴別人，千萬不要否認傳統訓練也會有我喜歡以及覺得更好用，甚至更有效率的方法。這邊舉一個例子：

在進行正向訓練時，訴求的是動物自願並且快樂地做出我們期待的行為，而且因為完全出自於動物自己的理解，所以可以讓動物記得更清楚，不容易忘記。像是以響片訓練一隻狗學習左轉的指令「Left」，就可以設計環境，或是在這隻訓練犬絕對會左轉的地方按下響片以及建立指令，之後再類化到其他的場域。但如果這隻狗的類化能力不夠好，換了場域就不知道該怎麼做了呢？可能就要花一些時間對這隻狗做類化上的指導。在這個項目上，傳統訓練會使用牽繩拉引，牽繩輕輕拉狗往某一個方向，提示狗要做轉彎，雖然是負增強訓練，狗既不會受傷更不會死亡，經驗上我覺得在轉彎這個項目，我會選擇使用傳統訓練法，所以我認為傳統訓練法也會是一個選項（還是強調要看狗的能力，如果是太過依賴聽從指示的狗，也會在沒有牽繩提示的狀況下完全不動，一切以個體的能力來做調整）。

面對增強及懲罰這兩種教學法，我們可以用更多元的角度來看待，因為增強與懲罰永遠都是中性的，沒有好跟壞，就好像槍可以保護好人，殺死壞人，但也可能被壞人拿來殺死好人，所以到底槍是不是好的東西？不重要，重要的是誰拿到這把槍，你怎麼使用這個東西。那行為學習理論也是一樣，你要怎麼使用才是最重要的，因此不要被自己的工具給限制，只有適不適合的方法、適不適合的工具而已。用對工具跟方法，才更能體現孔子說的「因材施教」四個字。

懲罰不是萬惡不赦，增強也不是仙丹妙藥，善用教學法，讓狗狗乖乖聽你的話！

繞了這麼大一圈，終於要講動物訓練了！（仙女編輯已經在套手指虎了吧！）大部分的飼主，甚至是剛入行的我自己，都會犯下這個華語文法的錯誤邏輯，只會告訴動物「NO！」、「不可以！」阻止動物繼續做某件事，卻都不曾告訴動物「你可以做什麼」。

地球人呀…
在跟我講話！
在鑽石與石頭間
選一樣吧
那我就不客氣啦
為什麼啊…
選一個吧
再給你一次機會
拿石頭吧
咦??
石頭
我這邊有好多石頭
END

再來，懲罰也是會有極限的，當某物品對動物來說就是充滿著致命的吸引力，動物怎麼可能放棄這個執念？換位思考一下，今天如果有一個巨無霸外星人給我兩盆東西，左邊這盆是滿滿的鑽石，右邊這盆，嘖！（白眼）就是整盆碎石頭～以人類的直覺，我當然會想要鑽石啊，可是當我正要抓一把鑽石的時候就被外星人呼了一巴掌（懲罰），當我還在傻眼自己為什麼被打的時候，又被呼一巴掌，直到我再也沒有靠近鑽石盆才沒有繼續被打；這時候外星人繼續示意要我拿東西，我抓起一把右邊那盆裡的碎石頭，立刻被塞二百元（嗯哼，就是二百元），當我再抓起一把碎石頭，再得到二百元，這樣重複的練習，我確定外星人在想什麼了，只要我拿碎石頭就會有好處，靠近鑽石就會被揍，更別說去拿了，但我心裡的盤算還是想要鑽石啊！隨便拿一顆鑽石的價值，都可以抵過我抓的那些爛石頭所賺到的幾百塊錢好嗎，所以被呼巴掌（懲罰）頂多讓我不敢在外星人面前拿鑽石，甚至是在外星人不在場的時候會想偷拿鑽石（所以知道為什麼你家的狗總是在你出門後才會翻垃圾桶了吧！）。既然懲罰似乎沒這麼靈驗，我們可以做些什麼？

環境控制

在我第一本書《馬克先生的鸚鵡教室》中有簡單敘述過環境控制，其中提到：「一切都是你的錯，不是動物的錯！」寵物之所以會出現在人類世界中，啊不就人類好棒棒，非得要把野生動物帶進人類的世界，那身為優良的飼主，把寵物的生活環境打理好不就是我們該做的嗎！因此，首先要先意識到：

「狗狗會咬壞沙發，正常的！」

「鸚鵡到處飛，大便噴滿天，正常的！」

接著才能衍生思考，在人與動物共存的環境中，該如何達到彼此的平衡？

我與寵物能快樂生活的平衡，

寵物與家人能快樂生活的平衡，

以及

因為養了寵物，我與家人所產生新的平衡。

因此只要不是直接處裡在動物身上，或是間接處理在動物身上的方法，都可以算是「環境控制」，也算是一種提早把環境規劃好，避免狗狗犯錯的方法！例如把房間收拾好、把狗鍊好、讓狗在眼前活動，都可以算是環境控制。另外在戶外牽狗散步的時候，總難免會遇到松鼠從前面飛過去，或是迎面而來牽狗散步的其他飼主，這時候就要看一下牽繩是握在自己的左手還是右手？假設遠方迎面而來的飼主是用左手牽狗（所以是我的右手邊），而剛好我是使用右手牽狗，這時候莫急！莫慌！莫害怕！在行走的過程保持自然、自在、有自信的狀態，邊走邊將牽繩從我們身體的後方右手換到左手，因為要把狗從我們的身體右前方，拉往

①
②

我們身體的後方，再換到我們身體的左側，這個過程牽繩就會很自然可以收短跟收緊，並且將行進路線默默往左邊繞開一點，讓我們的身體變成狗狗視線的阻礙，也能降低狗狗的興奮程度，避免突如其來的暴衝。

為了避免讓狗狗犯錯，環境控制我們就是要千防萬防！這是我們可以預先做到的。但狗狗想要咬東西的需求依然存在，我們還是要滿足狗狗啃、咬、玩的需求。

因此在我們控制的環境下，除了要移除狗狗不能啃咬的物品外，也要多放狗狗可以肆意啃咬的東西，滿足狗狗咬東西的慾望！

交換法（本訓練比較適合六個月以上的幼犬）

不知道大家跟我是不是有一樣的煩惱，就是常常會發現家具上總是有被啃咬過的痕跡（微爆青筋），有一陣子我會躺在瑜珈墊上伸展拉筋，雙瓜就在房間裡到處奔跑，等到我回過神，就會發現瑜珈墊邊緣已經被咬爛了，而且瑜珈墊的口感想必很不錯，金瓜還會把啃下來的小塊撿起來再繼續咀嚼一下。瑜珈墊咬壞了事小，偏偏我發現鸚鵡又特別喜歡咬電線，這電線斷了電器也是壞了，OK？還要花錢幫寵物收屍，我們這些飼主到底招誰惹誰是要有多衰。

不只是鸚鵡，狗也是非常愛亂啃東西的小王八蛋，而且狗不只是啃椅腳這類那麼簡單，很多還會伴隨吃掉襪子、吃掉皮帶，嚴重一點還要花錢帶牠們去開刀拿出來的好嗎！我曾指導過一隻狗狗小茉，牠大小姐小時候，曾有段時間有事沒事就嘔吐跟吐血給我們看，由於實在是太頻繁了，真的是會嚇到心跳都漏拍！但不管是拍X光，或吃藥都沒有找到問題或改善，沒辦法，只好安排照胃鏡檢查，當時胃鏡檢查到了一個大概一、兩公分，看起來像是布的異物，但怎麼夾也夾不出來，只好動手術將異物取出。這一

被雙瓜咬爆的拖鞋和
慘不忍睹的瑜珈墊

動刀不得了，這可不是一、兩公分的異物，而是一顆直徑大約十多公分的布球！這顆球是由各式各樣被咬碎的布質產品所集結成團的球，它就這樣卡在小茉的胃裡不知道多久的時間……（而且手術完沒幾天，小茉就恢復成原來那隻活潑的小狗，蹦蹦跳跳的，我超怕牠傷口裂開，心想「不是才剛動完大手術嗎？怎麼不會痛啊牠？」）。

就像前面內容講的，與其看到寵物做錯事我們才在旁邊發瘋、發脾氣，還不如直接告訴牠什麼東西可以咬、什麼東西不可以咬。

這時候大家可以試試看「交換法」，當狗正在啃咬不該咬的東西時，請拿出牠可以咬的東西（假設不該咬的東西是抱枕，可以咬的是玩具），告訴牠不應該咬抱枕，要咬這個玩具，且稱讚牠咬玩具。這時候大家可能會有一個疑問，那會不會讓狗誤以為我們在獎勵牠咬抱枕呢？來，我們幫這位問問題的同學掌聲鼓勵鼓勵（拍手），這就是正向訓練跟懲罰訓練結合的精髓！

通常當狗做「對」事情的時候，我都會建議大家用誇張的娃娃音口頭稱讚狗，然後再給上一顆零嘴，這叫做增強牠做這件事情，讓牠喜歡做這件事情。相反的，當狗正在啃抱枕，我會壓低嗓子，口頭告訴牠：「啊啊，不可以。」平時講話都是娃娃音可愛水蜜桃姐姐，現在突然變成黑山老妖，狗很快就會發現氣氛不對，在牠還感覺到疑惑的同時，拿出玩具放到牠嘴邊，只要牠有觸碰，立刻又變回平時娃娃音的水蜜桃姐姐，稱讚牠、鼓勵牠玩玩具，智商正常的狗自然就可以分辨出是不是在獎勵牠啃抱枕的行為。不過這招並不一定速成，有時候需要訓練好幾次才能讓動物理解我們要牠選擇其中一個東西，所以我不建議使用在六個月大以下的幼犬，請大家耐心訓練。

另外，有些狗的個性比較敏感，在壓低嗓音跟轉變成娃娃音的級距不要一下差異太大，狗狗可能會不知道該不該接受那個可以咬的東西，那這個時候就要用稍微低沉且堅定的語氣阻止動物的錯誤行為，再用溫柔的態度鼓勵，而不是用激

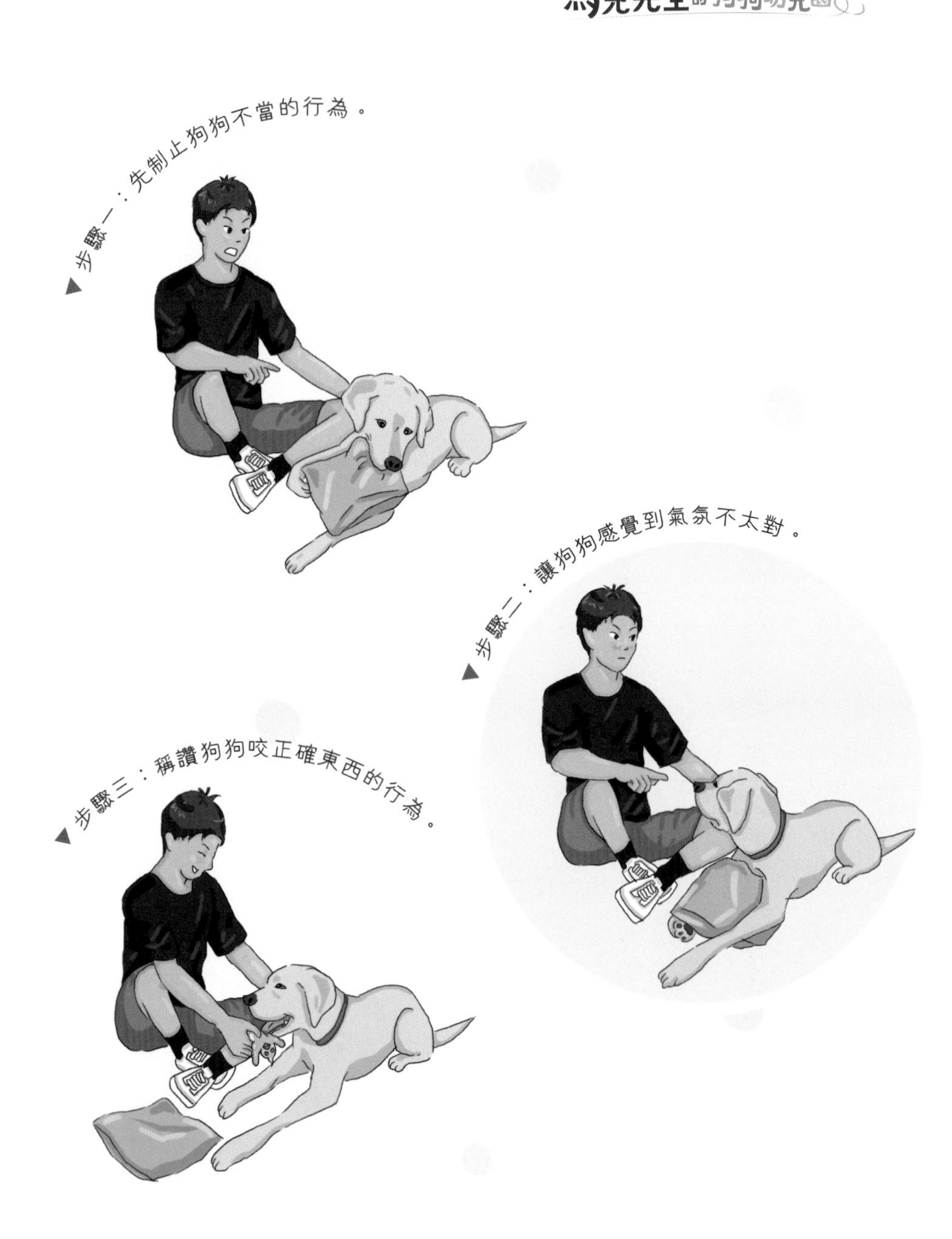
▲步驟一：先制止狗狗不當的行為。
▲步驟二：讓狗狗感覺到氣氛不太對。
▲步驟三：稱讚狗狗咬正確東西的行為。

動又高亢的娃娃音。

不過說實在的，上述的狀況有點太天時地利人和，要看到狗狗正在啃抱枕，然後我還可以隨手從背後掏出一個牠可以咬的玩具，想想真的是不太可能，通常狗也沒有蠢到會在主人在家的時候幹爛事，都嘛是我們出門回到家，才會發現房子被拆了好不好（攤手）。所以預防勝於治療，我們也可以直接對動物做交換法的訓練，建立牠選擇對的東西的概念，簡單來說，就是挖洞給牠跳。

找一個平常互動的時候，狗也沒察覺有異樣，正輕鬆愉快地躺在你旁邊玩玩具，請你默默地從背後拿出牠不可以咬的抱枕並且放到牠的嘴邊，這時候涉世未深，沒有被這殘酷世間玩弄過感情的狗狗，絕對會二話不說直接咬抱枕，請立刻用低沉且堅定的語氣告訴狗：「啊啊，不可以。」當牠有一點愣住的時候，立刻從背後拿出牠最喜歡的玩具，然後再變回可愛水蜜桃姐姐的樣子，鼓勵牠咬玩具。

這個訓練也可以時不時拿出來練習，直到狗看到你拿抱枕而表現出沒興趣，或是把頭撇開，這時可以稱讚牠「不要」的選擇，再立刻拿出牠喜歡的玩具鼓勵牠玩。任何訓練都一樣，請在動物最愉快、最開心的狀態結束訓練。對，我知道這個訓練的樣子很像神經病，但動物就是聽不懂語言，我們只能靠這種很粗劣的演技，還有語氣的差異來告訴動物此時此刻的行為是正確還是不正確。

另外還有一招，就是建立「替代性指令」，讓動物抽離當下對某物品的執著。例如在行走的時候，為了讓狗的注意力維持在前方，不會受到旁邊的東西影響，傳統訓犬上有一招叫做「Leave it」，當狗的注意力被某東西吸引住，用這個懲罰型的指令要狗恢復注意力，不然接下來就會被扯牽繩。老實說，這招完全沒有用，只是徒增狗散步時候的壓力感，而且狗只有在被扯牽繩的當下才會恢復意識，然後低頭看著你而且舔嘴巴，下一次遇到一樣的狀況還是會分心，再被扯一次，超級無辜的。

這時候的替代性指令就非常好用，平時跟狗練習對視，只要叫狗的名字，或是建立指令「Watch」，狗只要在任何時候聽到指令都能看向你臉的方向，就可以得到一顆小零嘴（偶爾可以是超美味的大零嘴，不定時的大獎勵會讓獎勵的爽快程度提高，也更能維持行為的表現），這時候不管是遇到路上的突發狀況，或是狗快要遇到危險的時候，都可以利用這個替代性指令，把狗狗的注意力喚回。

不過替代性指令的訓練會有個例外，就是當狗狗陷入了無法自拔的情緒中，也就是狗狗對某東西的感受過度強烈，以至於我們給予要替代的東西無法取代的時候，這個替代性指令的訓練就會失效，就如同前面提到的鑽石與碎石頭，碎石頭永遠都取代不了鑽石在我心裡的地位的時候，該怎麼做才能讓我放棄執念？這時候請回到第一點去做環境控制，把會影響牠注意力的東西撤離，例如遛狗的時候，狗狗看到遠方的松鼠，縱使你現在拿出零食都換不回牠的注意力時，可以在狗狗飛出去之前，先用牽繩把牠帶到自己身體的另一側阻擋狗狗的視線，然後快速通行離開；或是在對狗狗做減敏訓練的時候，如果狗狗對該物品過度焦慮，那就讓牠跟物品再拉開一點距離重新訓練。

前面提到，外星人要給我鑽石跟碎石頭的故事，我是不是會對鑽石有很高強度的執念呢！那要怎麼做才能讓我對那盆鑽石放棄執著？就是當外星人不在的時候，我興高采烈偷抓了一把鑽石，立刻被燙傷，無論我用了什麼方法，我都無法安全的拿到那些鑽石的時候，我就會放棄，這就是環境控制的精髓！你們家的狗也一樣，當牠偷偷跑去翻垃圾桶，垃圾桶裡就會噴出一隻鬼，嚇死寶包！屢試不爽，我相信你的狗就會在你外出的時候心甘情願放棄垃圾桶。雖然不是鼓勵大家這麼做，但只是想要告訴大家，懲罰在操作制約上就是有存在的意義，跟增強一樣，都只是在學習過程中的一種方法。在不傷害動物的前提下當然可以使用！不需要捨本逐末，讓自己做事綁手綁腳的。

UNIT 3

和狗狗一起生活的日常

幼犬時期的生活必需品

寄養家庭替導盲犬中心養育幼犬的這段期間，照顧、用品、醫療等所產生的任何費用都是由導盲犬中心支出，因此在幼犬安置到寄養家庭前，寄養家庭輔導員me就會把照顧幼犬基礎要用到的東西全部攢便便（tshuân piān-piān），會使用到的物品可以參考以下表格。

項次	品名	數量	用途	備註
❶	犬用碗	1	狗狗吃飯使用。	
❷	米杯／量杯	1	測量並固定狗狗每次的用餐及用水量。	

❸	狗糧	1	就是食物～	幼犬跟成犬用的不一樣唷！
❹	小方巾	2	一條擦牙齒，一條用於擦耳朵、臉及全身。	
❺	橡皮梳	1	刮除體表已落下的毛。	幼犬先以減敏為主。
❻	針梳	1	刮除內層已落下的毛。	幼犬先以減敏為主。
❼	排梳	1	梳順毛，以及剔除針梳中卡住的毛。	幼犬先以減敏為主。
❽	犬用指甲剪	1	定期剪指甲。	
❾	拔河玩具	2	互動以及消耗體力。	建議搭配「Off」指令的訓練後再給狗狗玩。
❿	狗玩具（例如：KONG）	1	消耗體力。	
⓫	地墊或毯子	2	睡覺使用，兩條可清洗替換。	

項次	品名	數量	用途	備註
⑫	壁鍊	1	犬隻環境固定，達到安全環境控制。	需配合分離焦慮減敏。
⑬	生活紀錄表	1	掌握幼犬生理時鐘，以及全家可共同瞭解小狗今日狀況。	
⑭	吸水毛巾	1	洗澡後擦毛，方便將毛吹乾。	兩個月齡後才建議洗澡。
⑮	洗毛精	1	洗澡使用。	
⑯	預防藥		預防體內、體外寄生蟲。	
⑰	項圈	1	識別及牽繩使用。	
⑱	牽繩	1	外出使用。	
⑲	犬便袋	1	外出撿便使用。	

基本上用品像是狗碗這類東西，啊就是拿來給狗吃飯用的應該是沒什麼好說明的吧，只有少數幾個需要好好說明一下！例如：

⓭ 生活紀錄表：

用來記錄每天吃飯、喝水、排尿、排便的各項時間，請大家把「時間」兩個字用紅筆圈起來！透過記錄時間，可以從每日的時間觀察出幼犬的固定生理時鐘，做為安排如廁訓練的依據。家庭成員也可以藉由紀錄表瞭解到，幼犬在固定的時間點有沒有安排上廁所或是吃飯、喝水，全家人就可以一起分工幼犬的照顧。

傳統上會用紙本表格來做記錄（請參考下頁圖），重點是記錄日期、體重、吃飯、喝水、大便、尿尿各個的「時間」，還有質性記錄吃喝的量以及排泄物的狀態。

馬克先生的狗狗幼兒園

狗狗生活紀錄表

日期：
2023 年 1 月 1 日

項次	時間	項目	備註說明
1	07:00	• 大便、尿尿、飼料 1 杯、水 200cc	• 大便有點軟，會黏地板要注意。 • 吃飯的速度比平常慢。
2	09:00	• 尿尿、喝水 100cc	
3	12:00	• 尿尿、飼料 1 杯、水 200cc	• 吃飯速度比平常慢。
4	13:00	• 尿尿	• 睡醒後，還沒走到外面就尿在門口。 • 不想喝水，只有舔兩口。
5	15:00	• 大便、尿尿、水 100cc（16:00）	• 大便正常。 • 散步回來才喝水。
6	17:00	• 尿尿、飼料 1 杯、水 200cc	• 吃飯速度正常。
7	19:00	• 尿尿	• 散步回來不想喝水。
8	21:00	• 尿尿、飼料 1 杯、水 100cc	• 不大便。
9	22:00	• 大便、尿尿	• 睡前終於大便了。

如果大家跟我一樣，習慣是使用手機等3C產品做記錄的話，個人記錄可以使用Baby App，裡面就會有上述各項的紀錄表格可以填寫。如果是全家都有機會記錄的話建議使用Google表單，可以直接在線上填寫，並且用Excel表格來觀察狗狗的生理狀況。

今天日期 *

日期

年/月/日

目前時間 *

時間

: 上午

完成項目（可複選） *

- [ ] 吃飯
- [ ] 喝水
- [ ] 大便
- [ ] 尿尿

質性敘述此餐吃的量 *

您的回答

質性敘述此餐喝水的量 *

您的回答

質性敘述大便及尿尿狀態 *

您的回答

大家可以依照模板製作專屬於自己的表單

⑰ **項圈：**

市面上的項圈有很多種，老實說，除了全P項圈會傷害到狗狗的身體我反對使用之外，其他的一般項圈、半P項圈、胸背帶、什麼〇〇功能項圈，我覺得用什麼通通都可以，差異性不大。除！非！你飼養了一隻大型的無敵暴衝狗，而且你相當柔弱、控制能力極低，那我就不會建議你讓狗狗使用上述種類的項圈，縱

使市面上有一種H型的防暴衝胸背帶，我個人還是覺得防衝效果普普。因為胸背帶跟項圈一樣，力氣的作用都還是在狗狗的身體上，縱使H型胸背帶可以在狗狗暴衝的時候讓狗狗的身體轉向，但重點還是在你的控制力道不足，狗狗還是有辦法像螃蟹一樣走斜線把你拖著跑。

對於暴衝大型狗，我的第一名心頭好就是Gentle Leader項圈（簡稱GL）！這個東西有

胸背帶

點類似馬用的轡繩，是套在狗狗臉上的，而且套上後狗狗的嘴還是可以正常開合，然後牽繩則會綁在狗狗下巴的位置。

GL對於大型暴衝犬真是一個好讚、好棒的東西，因為它就套在狗狗的臉上，所以當狗狗暴衝的時候，牠衝出去的力道會作用在在狗狗的脖子，因此當狗狗真的衝出去的時候，還不用等你出力拉住牠，連半點力氣都還沒有出，狗狗

Gentle Leader
項圈（簡稱 GL）

就會立刻被自己的脖子給拉住，而且狗狗還會自己冷靜下來思考到底剛剛發生了什麼事？然後在牠又瞄到前方的松鼠，準備要再衝出去的時候，又被自己拉住，你完全不用花力氣拉牠。

曾經有一次，我接到了一隻提早來上學的幼犬泰瑞，牠真的是太過活潑了……，而且牠的力氣是救命啊～的大，很！驚！人！雖然寄養家庭爸爸媽媽把牠教得很好，該學的服從指令通通都已經學會，但就是原始腦驅使所以牠相當失控，媽媽的手甚至因為牽牠而有點拉傷。牠失控的狀況有哪些呢？可能走路走走，欸～就會開始咬迎面吹過來的風、看到公園裡有鴿子就會衝過去跟著一起飛走（我沒有被拖跌倒真的是萬幸）、想尿尿就尿尿，想吃土就吃土，真是一個天真無邪的孩子，大概就是班上頭腦簡單四肢發達的那種帥帥臭男生。

泰瑞要不是那張臉長得很可愛，不然我真的是時不時會很想一巴掌給牠打下去（左手抓住右手）。

到底是什麼東西拯救了我呢？就是這個宛若訓練師的再生父母「Gentle Leader」（請下特效天使光從天而降），真的套上去秒乖（當然還是有做戴GL前的減敏訓練）！GL我覺得最棒的地方，狗狗是被自己的行為懲罰而不是因為你，牠更能從中學會思考自己應不應該這樣衝出去。甚至後來，泰瑞不一定有使用GL的時候，暴衝的狀況也有減少（雖然我是覺得GL有減少泰瑞往後的暴衝行為，但由於學習的過程不一定是純粹線性，參雜的變數很多，所以我也必須誠實的講，泰瑞的改變不一定完全是因為GL。但至少我可以保證的是，在沒有使用GL的時候，我光牽泰瑞一隻狗可能就要累死了！使用GL牽泰瑞的話，我可以恢復正常狀態，再牽三到四隻狗都沒有問題）。

雖然我把GL呵咾（o-ló）到不行，但我還是有遇到反對使用GL的訓練同仁，覺得轡繩綁在狗狗的臉上很不人道。我認為這個就太把動物權利跟動物福利混在一起看了，動物權利是指動物的事情讓動物自己去決定，而動物福利是指合理的使用動物，所以就定義來看，這世界上只要跟動物牽扯到利益，有多少事情動物是有權利為自己決定還有發聲的？沒有！所以在不傷害牠們的情況下，我認為使用什麼工具都可以，沒有好跟壞。我也在YouTube上看過有人使用萬惡不赦的「電擊項圈」來教狗做喚回訓練，當然這位飼主沒有使用電擊的項目，只有使用震動，做為告訴狗回來領賞的提示，狗狗感受到震動就立馬開心地跑回來找主人，不是也很好嗎！

清潔保健做的好，狗狗開心沒煩惱

刷牙（布巾法）

基本上狗狗會發臭，其中一個地方就是嘴巴。而導盲犬又是一隻可以自由進出公共場所的狗，當然不能臭到別人，這樣多沒面子啊你說是不是~所以導盲犬的每日基礎清潔的第一課就是每天至少刷牙一次！

首先，伸出一隻手比出數字七（握拳狀態伸出食指與拇指）。接著將扭乾水的濕小方巾，從手背的方向掛在食指與拇指上，然後把小方巾剩餘的布用中指、無名指、小指握好，這時候卡在拇指與食指的布會有一點緊繃地包覆住兩隻手指，這樣等一下拇指跟食指在狗狗嘴巴裡做擦拭的時候也不會脫落。

再來，我們從正面，一隻手輕輕捧著狗狗的臉，另一隻包裹著毛巾的手的食指伸進狗的嘴裡，並以虎口抵住狗的門牙，先擦拭單邊的牙齒外層（圖一），再將食指往後臼齒（或是乳臼齒）的方向塞進去（狗狗口腔的最內側牙齒比較短，食指可以從這個地方塞進去，通常食指卡進去狗狗的口腔就會打開了），讓狗的嘴巴張開，用拇指與食指擦拭內層與外層（圖二），上下牙齒相同，另一側的牙齒換手並以此類推。如果有狗狗用的牙膏也可以搭配使用，尤其酵素牙膏可以有效消除狗狗口腔異味，讓狗狗的嘴巴變得不臭。

▲ 圖一

▲ 圖二

導盲犬使用布巾刷牙的方法，主要是讓視障者可以方便操作，若各位想要使用牙刷也是可以的，而且會更簡單，只需要翻開狗的嘴皮就可以用牙刷沾水上下左右刷狗的牙齒，尤其牙縫可以刷得更乾淨，但內層牙齒就會比較難刷到，所以我會建議小布巾跟牙刷交替使用，這樣不管是外層、內層，還是牙縫都能夠清潔得很乾淨。

擦耳朵、臉、身體

防止狗發臭的第二課，就是每日一次的擦耳朵，而且擦耳朵遠比擦牙齒簡單很多！擦耳朵的時候，只需要將其中一隻手的食指包著扭乾水的濕小方巾就可以了，剩餘的手指抓住方巾，另一隻手捧著狗的臉，然後包著小方巾的食指，輕輕地往狗的耳洞中由內往外擦拭，尤其耳殼上如果有看得見的乾掉耳垢（看起來會黑黑的），也可在擦完耳洞內側後再擦拭乾淨。擦完的布通常會有黑黑的耳垢，而且非常的臭，但味道也非常的療癒（愛狗人我相信你懂我♥）。

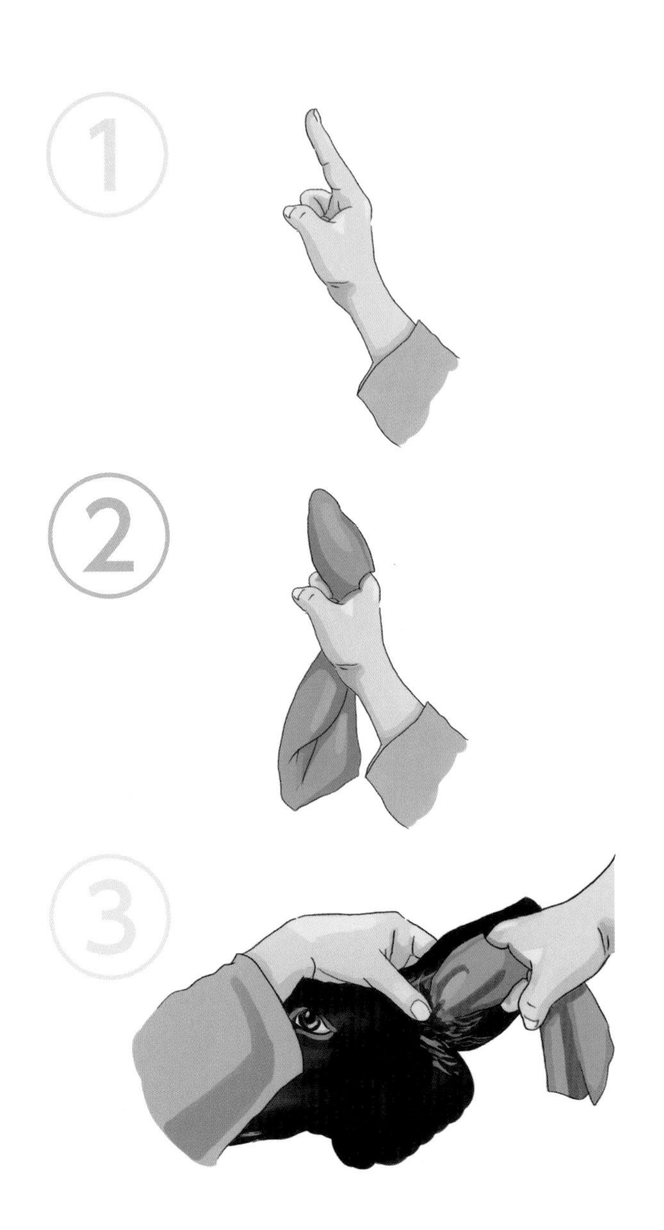

這時候除了品味狗耳垢的臭香味以外，也記得觀察耳垢顏色以及味道，有異常記得要速速帶去就醫。如果耳朵健康，但不管怎麼清潔就是會有一點臭臭的，雖然不至於臭到討人厭，只是那臭味就是有點惱人。我個人有一個小撇步，就是使用耳朵清潔液（潔耳液），通常可以讓狗狗的頭變香香好幾天（我知道這個很政治不正確，但真的是實在話～）。

使用方法稍微有一點點難度，在日常的擦耳朵前，準備好潔耳液還有乾燥的紙巾，單手先從狗狗的背後稍微輕輕環抱住牠（圖三），環抱手的手掌從狗狗的下顎輕輕扣住狗狗的頭。接著，打開潔耳液後不要手軟，直接灌進狗狗的耳道裡，然後迅

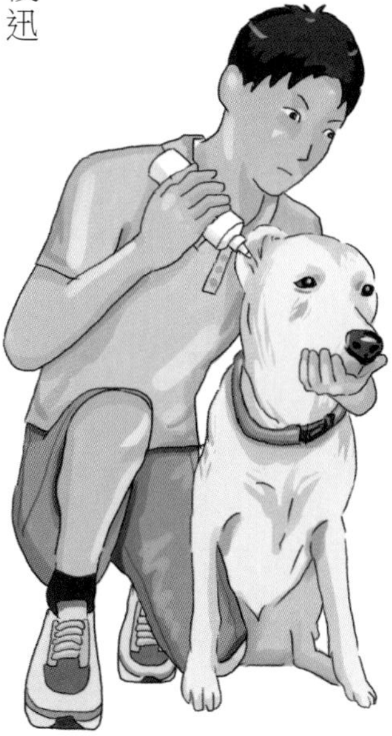

◀圖三

速放下潔耳液的瓶子，並捏住狗狗耳道的外側，做出捏放捏放的按摩動作（圖四），按摩過程中一定要發出「噗啾噗啾」的聲音，才代表潔耳液擠的量夠多，而且有按摩到狗狗的耳道。稍微按摩個五到十秒就可以放開狗狗，讓牠甩甩身體，透過甩身體的動作把耳道裡的潔耳液甩出來（圖五）。這時候一定有潔耳液新手寶貝會擔心，潔耳液灌進去會不會傷害到狗狗的耳膜？其實是不會的~因

▲ 圖四

▲ 圖五

為大氣壓力的關係，潔耳液不會全部流進去，且很快就會滿出來。另外，潔耳液灌進去後，狗狗也會有點不舒服，立馬就會掙扎想要把潔耳液甩出來（所以才要大家先把狗環抱住，而且動作要快一點），因此真的不用擔心潔耳液流進去的問題。

潔耳液大約一至兩週使用一次即可，而且使用潔耳液畢竟會讓狗狗有點不舒服，所以記得清潔結束之後，多給狗狗一點口頭稱讚，也可以給一點零嘴讓牠心情平復一些。

使用完潔耳液，再用平日擦耳朵的方式，把甩出來的耳垢擦乾淨就可以囉！擦完耳朵之外，也可以幫狗狗做全身的簡易清潔，一樣是用擰乾的方巾，順著狗臉及身體的紋理擦拭，尤其每日眼角的眼屎以及全身上下都可以簡易的擦拭乾淨。通常我會一布用到底，擦完兩邊耳朵後毛巾對折，乾淨的地方就可以拿來擦臉、擦全身了！

梳毛

身為視障者的眼睛，狗界的表率，導盲犬既然要自由進出公共場所，外在形象當然很重要，身體有沒有清潔乾淨就是很直觀給民眾的感受。因此我們一定會要求寄養家庭、訓練師以及使用者，無論如何一定要天天梳毛（當然我知道很多人沒有～）。梳毛是一件非常麻煩的事情，因為很花時間，而且相當的累，尤其夏天肯定會刷到全身都是汗，也會黏得滿臉都是毛，氣死！如果遇到太久沒梳毛的狗，例如拉不拉多犬，毛又長又厚（某些拉拉的毛是偏長的），一隻狗刷到一個小時都覺得還沒很乾淨⋯⋯。俗話說「工欲善其事」怎麼樣？「必先利其器」嘛，對不對～用到正確的梳毛商品真的會瞭解什麼叫做事！半！功！倍！小時候中文課老師教這個成語解釋這麼多幹嘛？我完全聽不懂，帶隻狗拿好梳子跟爛梳子來給大家刷狗毛不就好了嗎！瞬間秒懂耶！

以下介紹四把我會用的梳子：按摩梳、針梳、排梳、除毛梳，也跟大家說明各個梳子的用法以及優缺點：

按摩梳：第一把請用寵物按摩梳，通常會是橡膠或是矽膠材質，我的心得是越柔軟有彈性的越好用！主要用途在刷除狗最外部已脫落的表層毛。

請以逆毛的方向刷狗的全身，包括身體、臉部、腿部、腳掌以及尾巴，有毛的地方通通都可以！直到刷不太出明顯的毛為止。我的檢查法會以抽樣的方式，用食指跟拇指隨意抓捏一搓毛，手裡只要在三根毛以內都算是合格。

2 **針梳：**以順毛的方式把底層毛刮出來，直到刷不出什麼毛的時候即可。針梳的缺點就是會卡毛，因此可以用排梳把卡住的毛刮出來，或是使用有排毛功能的針梳也是可以的唷。針梳比較適合長毛狗或是底層毛比較厚的狗，如果是飼養極短毛，或是毛很薄的狗就不一定需要購買了，因為真的也刷不出什麼東西出來。

3 **排梳：**跟針梳一樣，適合長毛及底層毛厚的犬種，主要功能是將毛梳順。

4 **除毛梳：**這是我的心頭好，因為兼具針梳可以

把底層毛刷除的用處，又有一點打薄的功能，過程中也可以帶出很多表層毛，所以算是一梳多用的可愛小寶貝。有時候我可能急著要帶狗出門，沒有這麼多時間梳狗的話，就會用除毛梳把狗身上的毛刮刮刮，梳子一丟就趕快出門了。而且縱使針梳已經梳不太出底層毛了，再用除毛梳還是可以刷出很多底層毛。缺點就是只能刷毛多的地方，如果是臉部或是腿部等毛很短的地方就沒辦法，還是得仰賴按摩梳。曾經有一隻狗牠有皮膚病的問題，幾次就醫跟藥浴一直都沒有很大的改善。有一次我幫這隻狗梳毛，發現牠的毛非常非常的厚，那陣子天氣又濕又熱的，於是我就用除毛梳幫這隻狗把底層毛打超薄，果不其然沒多久皮膚狀況就好轉很多！所以一定要適時的幫狗做梳毛，皮膚跟毛髮才能維持健康唷！

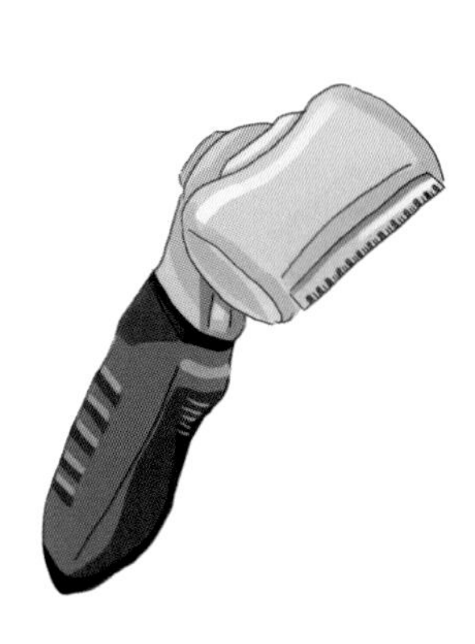

洗澡

因為每天都會幫狗狗梳毛，還有做基礎的擦拭清潔，所以通常一個月洗一次澡即可。不過頻率多久幫狗洗一次澡還是依照個人習慣，有些寄養家庭家長受不了狗狗的味道，也是會一週洗一次。我的想法是，因為畢竟跟狗相處的是寄養家庭家長，家長心理感受舒服對我來說也是很重要的，所以只要狗狗的皮膚沒有因此產生毛病，我通常也是睜一隻眼閉一隻眼假裝沒有看到。

洗澡前記得一定要先梳毛，這很重要千萬不可以忘記，因為狗身上的廢毛越少，就可以清潔得越乾淨，而且重點是，吹毛的時候才不會把廢毛吹得到處飛，不要以為這沒有什麼，當這些毛全部吹到你的臉、眼睛、鼻子、嘴巴時你絕對會很肚爛，而且身上那件衣服也毀了，全部都是毛不用洗可以直接扔了。

洗澡其實沒有什麼好講的，就跟洗自己的頭髮一樣，必須先把狗狗全身的毛用水沖濕，然後洗毛精請勿直接抹在狗的身體上，要先在手掌中和水搓開起泡後才可以抹在狗狗的身上。我的習慣會先準備一個小水盆，裝了水再擠入適量的洗毛精，調成洗毛精水再抹到狗狗的身上，一來跟和水在掌心搓開來意思一樣，二來節省洗毛精的用量，三來起泡性好又好沖洗（如果起泡性太低就代表狗狗比較久沒洗毛偏油，或是洗毛精加太少了）。洗澡的過程中，也可以使用按摩梳來做狗狗的 SPA 體推按摩，能順便再刮出不少廢毛。

洗澡過程中，最困難的地方我覺得是沖水，因為如果洗毛精調太濃，你就是會一輩子也沖不乾淨，

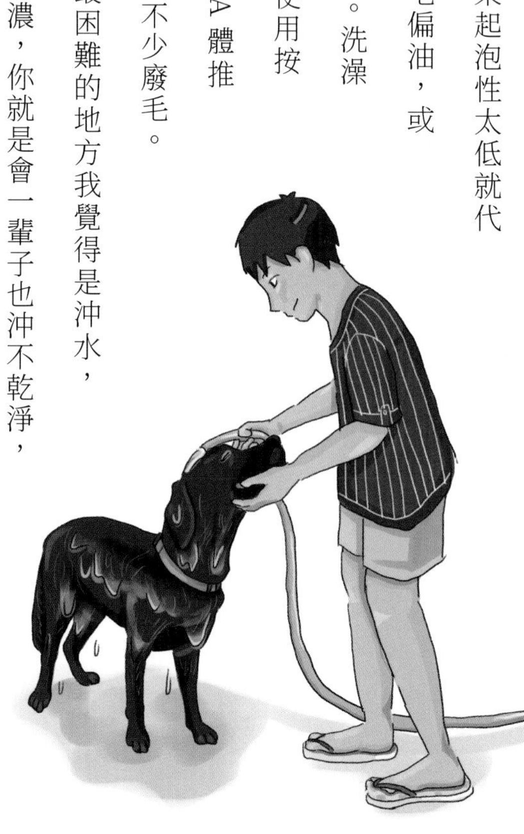

對，就是一輩子（所以知道為什麼要先用小水盆稀釋洗毛精了吧！），如果要把狗狗頭上還有臉上的泡沫沖乾淨，記得先將水調弱一點，一隻手把狗狗的吻部提高，沖水的時候避開鼻子，也留意水流的方向會不會流進耳朵，注意這兩點基本上狗狗就不太會掙扎。

沖完水之後，我們通常就會期待狗狗甩甩身體，把身上多餘的水甩掉，但偏偏有時候，就是會讓我們遇到即使再等一輩子也不甩身體的狗，這時候只要對他的耳朵吹口氣，狗狗百分之百就會甩身體了。最後用吸水毛巾把狗狗的毛擦乾、吹乾、曬乾就可以囉！

另外，洗澡的時候，有一件我最最最最最～喜歡的事情，就是幫狗擠肛門。腺（少女雀躍飛舞）！想當年啊～我可是號稱擠肛門腺的第一人呢～只要是跟屁眼有關係的事情我通通都很在行（我是指像是訓練狗聽指令大便這類的）。擠肛門腺最好玩的地方就是「探索」，當你摳對地方的時候，瞬間就會感覺到狗全身肌肉一陣緊縮，身體用力微微捲曲，然後一股濃稠的汁液就會噴射出來，成就感極高！當然我會這麼厲害，是因為在我還是小助理的時候，認識了一位打掃志工，這位小姐 always 臉很臭，老實說真的有點可怕，但當他遇到狗的時候就會變得無比溫柔。後來知道他是一位寵物美容師，在他的調教下我除了變得很會幫狗洗澡，也變得非常會擠肛門腺（挺胸）。

一般在網路上還是書上教怎麼擠肛門腺的時候，都會說在擠之前，摸摸看狗狗肛門的四點鐘跟八點鐘方向，會摸到兩顆鼓鼓的東西，但我坦白跟大家講，以我摳過無數狗屁眼的經驗根本很難摸得出來，而且屁眼這個東西其實是立體的，從外觀來看雖然是一個平面，但它的裡面就是腸道，所以只單針對四點鐘跟八點鐘方向壓進去，這個說法其實沒有非常準確（如果大家還

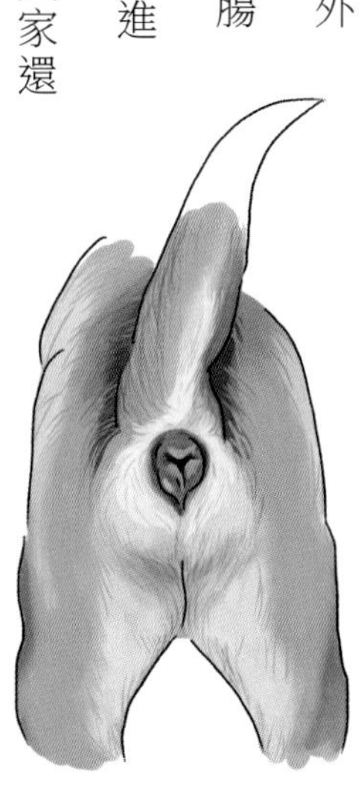

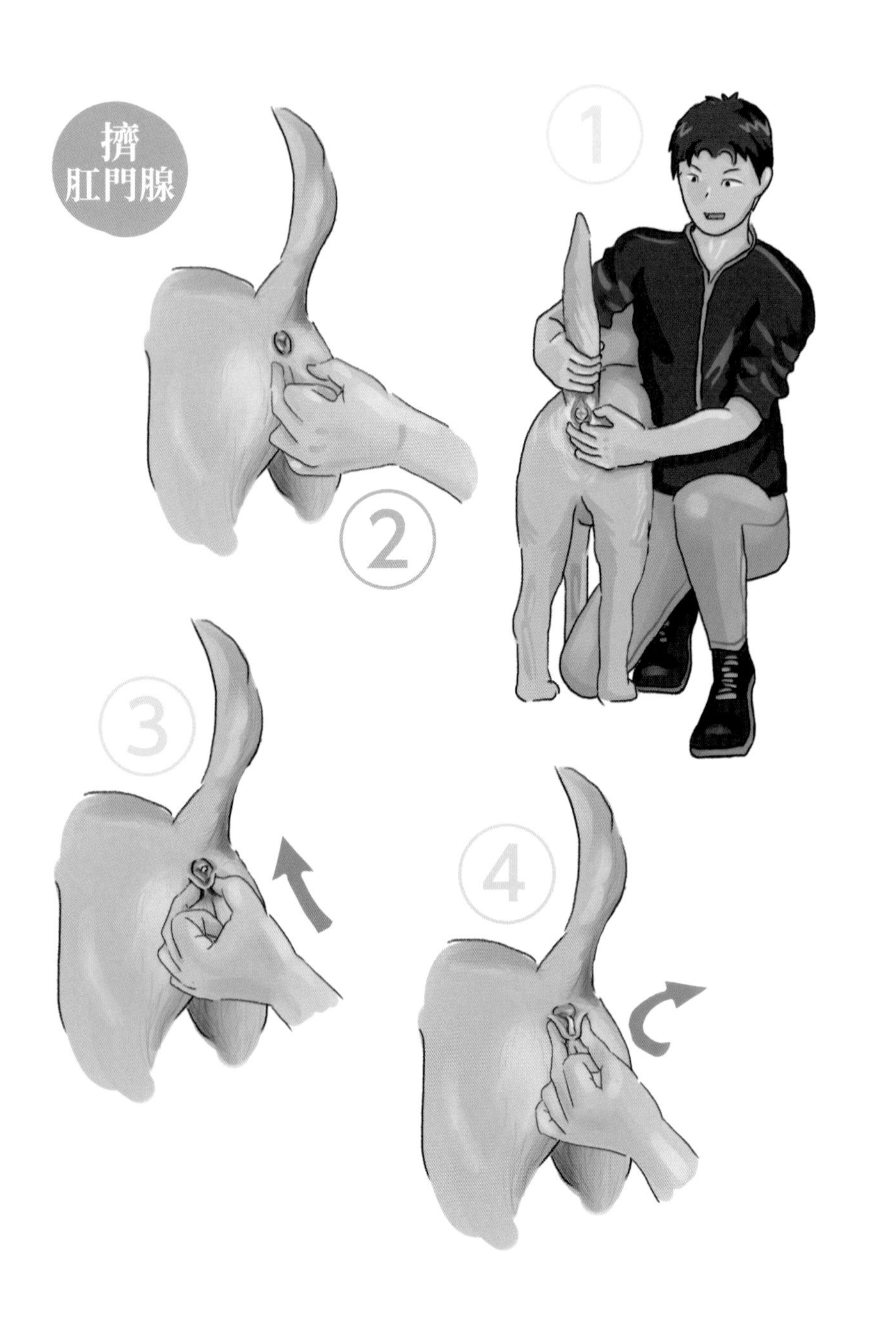
擠
肛門腺
1
2
3
4

是覺得文字跟圖片所說的「屁眼是立體的」這件事很抽象的話，可以 touch 看看狗狗或是自己肛門周圍的皮膚，稍微出力壓壓看，就可以從外側摸到直腸的腸道，你就會知道我說的「立體」是什麼意思了）。

我習慣右手（大家可以用自己的慣用手）環抱住狗狗的腰，讓牠的屁眼朝外，用左手拇指跟中指，除了在四點鐘跟八點鐘方向往內壓之外，還要順著腸道再推出一個向上迴旋往外的力量，讓肛門腺液由內往外從肛門裡擠出來。擠的時候也記得千萬不要被噴到，因為真的很臭很臭……

一次過年前春運，我載了整車的狗回臺北準備過新年。當時我已經換好漂亮的新衣服在辦公室裡耍美準備下班，在旁邊忙碌的助理學妹默默走過來嗆我說：「馬克，你不是對肛門很厲害嗎？來幫忙擠這隻狗的肛門腺！」聽到可以擠肛門腺我真的樂壞了，踏著輕盈的少女步伐，捲起袖子雀躍地跳著過去幫忙。擠著擠著，發現確實有點不好擠，但頂著「屁眼達人」的名號，擠不出來我面子還掛得住嗎？我還要做人嗎？我怎麼可以輸給一個屁眼呢？這件事傳出去我還怎麼留給人家探聽？（不就是面對一個屁眼嗎？內心戲是不是太多了～）就還在幫狗狗肛門腺做按摩的時候，突然感覺到狗狗身體肌肉一陣用力，我發現機會來了！就往那個方向摳了進去！兩道濃稠的汁液噴射了出來，一道噴向地上，一道轉彎噴在我的袖！子！上！

「啊～～～啊～～～～～～～～救我！！！學妹救我！！！！！」

我不斷地尖叫！用大量的清水洗我的新衣服，學妹迅速衝回辦公室拿除臭液，我也搶過除臭液對著袖子狂噴！真的是要感謝學妹的即時救援，不然我就得穿著臭衣服回家過年了⋯⋯。這件事告訴我們，擠肛門腺的時候，千萬不要穿得太漂亮，因為你真～的不知道肛門腺液什麼時候會轉彎⋯⋯

剪指甲

哦~（驕傲的眼神）說到剪指甲，我真的是又要站出來炫耀了耶~因為我真的是下手又快又狠又超準，常常狗狗家長看到我打完招呼後的第二句話，就是問我可不可以幫他的狗剪指甲。要幫狗剪指甲一定要先瞭解狗狗指甲的構造跟形狀，通常網路上或是前輩口耳相傳的方法，可以看到狗的指甲會分成三層，我們來參考下面的圖。

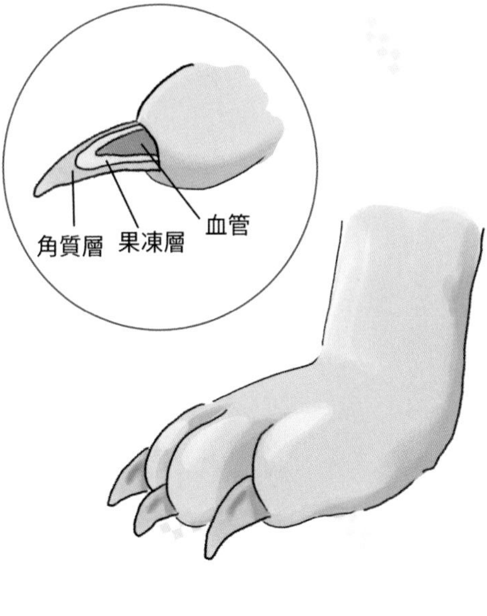

角質層　果凍層　血管

指甲最內層是血管，第二層是果凍層，最外層是角質層，我們的目標就是要剪到最靠近果凍層，但又盡量不剪到果凍層，是一個很微妙的境界。所以從圖片上來看，基本就是要剪虛線的三個角度即可（圖六）。但是各位捧由，如果剪狗狗的指甲有這麼簡單的話，我今天就不用特地開一個小章節來告訴大家怎麼剪了，馬克先生我本人可以在這邊這麼聳鬚（tshàng-tshiu），就是因為我有其他更厲害的絕招，OK！用我教的方式，就連遇到黑狗的黑色指甲都不用擔心，包準你也可以搖身一變成為剪指甲小天才（這天才的稱號好窩囊）。

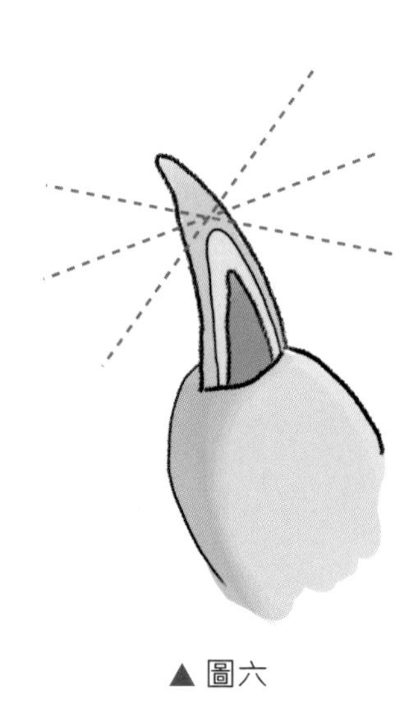
▲圖六

剛剛那張圖六，請大家就深深地放在心裡，記得那張圖的「原理」就好，尤其對體型越小的動物基本上都是通用的。但但但，但是！狗的體型通常就是沒有這麼小，而且仔細來看，狗的指甲其實是圓柱狀的（有些會比較扁，偏橢圓形，但這不是重點沒有影響），因此根本不可能用剛剛那張2D圖的虛線角度來做修剪，所以請大家看接下來這張圖。

修剪狗狗指甲的時候，我們必須要看狗指甲的正面（腳掌面），以及正面的微微側面，一樣是使用犬用指甲剪，我通常會用帶點削的力道來剪，邊剪邊削，左邊削一刀，右邊再削一刀，最後才修剪尖端的長度，基本上就完成了。

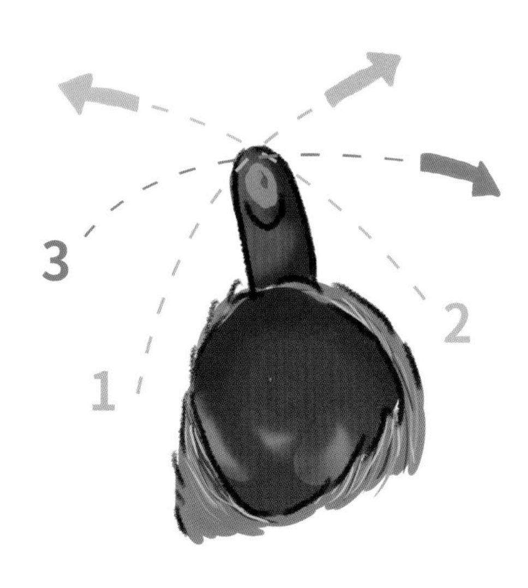

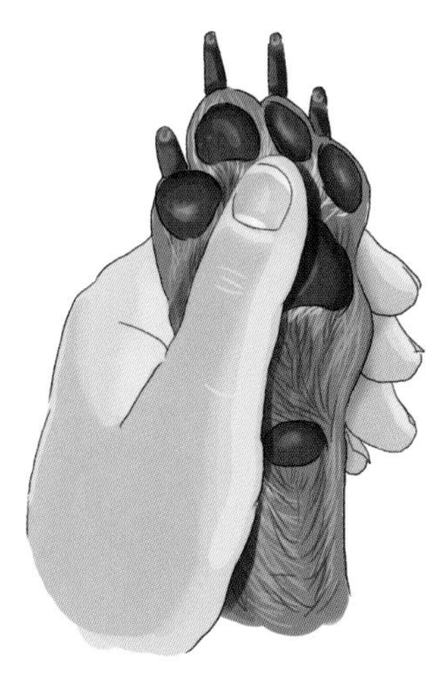

但如果是太久沒有剪指甲的狗狗，可以狠毒地直接先裁掉一節，一樣再慢慢的用左右邊削的方式靠近果凍層，最後把尖端修掉即可。

白狗的透明指甲很容易用目測的方式，決定要剪多還是剪少，但如果是黑狗的黑指甲，很難單就用「看」的來知道可以剪多深，那就必須從指甲截面的質地來判斷，如果剪下去看起來還是乾乾的角質感，那就放心繼續剪吧！如果觀察質地，雖然看起來還是角質層，但這角質層的質地看起來比較細緻，不是乾乾的，那就要改用削的方式慢慢修進去。把握這幾個原則，剪指甲真的是跟吃蛋糕一樣簡單。

預防藥

前面提到的基礎清潔，偶爾偷懶真的是人之常情，先不談使用者還是寄養家庭，我必須承認就連我自己也沒有做到一百分，頂多只有嗯……六十分吧（小聲），尤其梳毛相當花時間，工作忙起來真的就只能睜隻眼閉隻眼。而且要知道臭味聞久了會嗅覺麻痺。曾經有一次下雨天帶狗去逛書店，然而潮濕會讓臭味變得濃郁，我自己也有發現狗變得很臭，想說趕快買完書就速速離開，殊不知就在我還在找書的時候，聽到旁邊路人的對話：「噴，怎麼這麼臭？啊～原來是導盲犬啊！豪可愛唷～～～」媽呀……我當下真的是想要衝刺撞破窗戶跳出去耶，太丟臉了，尷尬地回對方一個不失禮貌的笑容，書本一丟，迅速抓起牽繩手刀帶著狗離開現場，創下我逛書店最快紀錄全程不到十分鐘。

基礎清潔偶爾偷懶是人之常情，非常不可取請大家還是要勤勞一點啊！但每個月的預防藥真的是萬萬不可以偷懶，也萬萬不可以忘記！因為服藥間斷的話，體內的藥效就會不持續，可能就會在體內藥效濃度低的時候感染（就像是前面文章提到的珍珍，因為沒有固定服用心絲蟲預防藥，晚年雖然終於過上好日子了，但身體應該很不舒服吧……）。

口服預防藥：主要是預防體內寄生蟲，每個月給一次，如果狗會吐出來，或是把碗裡所有食物都吃完，只獨留藥就是死不吃進去的話，可選擇肉塊式的口服藥，狗狗的接受度會比較高。但偏偏有些狗就是連肉塊都可以挑剔的話，可以準備好狗碗與少許的飼料（加少許水），將狗的嘴巴打開（可參考UNIT3 清潔保健做得好，狗狗開心沒煩惱中的刷牙（布巾法））把藥塞到狗的喉嚨，然後立刻給予「OK」吃飯的指令，當狗全神貫注在狗碗還有食物時，一聽到吃飯指令，衝過去狼吞虎嚥的時候，藥就能以迅雷不及掩耳的速度不小心跟著食物一起吞進去。

2 藥水式預防藥：主要是預防體外寄生蟲，與口服藥一樣是每個月點一次。點藥水前，記得先把狗毛梳理乾淨，因為點完藥後，點藥的位置不太適合梳毛，再來，梳毛後再點藥也比較能讓藥水可以沾在皮膚上而不是狗毛上。將狗狗後腦至脖子這段的毛撥開來，而且要看到皮膚，藥水從後腦順著脊椎處一點一點塗抹至皮膚上，動作越輕、越慢就越不會沾在毛上，最後藥水塗抹範圍最遠不可以超過肩頰骨，以免牠們轉過頭會舔到。點藥前除了要先梳毛，前三天以及後三天都不得洗澡（確切服藥與點藥的說明，可依照醫囑或是產品說明書）。

飼主與狗狗必學的六大指令

操作導盲犬的指令非常地多，大部分也都是在訓練師的引導訓練期才會做教學。寄養家庭時期比較常使用的指令有六個，其中有四大服從指令：坐下「Sit」、趴下「Down」、等待「Stay」、可以「OK」，以及兩個操作指令：放開「Off」、還有上廁所「Busy」。

臺灣的導盲犬指令大多數以英文為主，因為英文的音節較短，對於動物的學習來說比較有幫助，再來是比較能區隔臺灣本土習慣性語言。所以各位讀者未來在指導狗狗的時候，不一定要使用英文，你要用客家話還是泰雅族語隨便沒有人會管你。另外也要請大家一定要遵守，雖然知道導盲犬的指令是什麼，但請千萬禁止對路上看到的導盲犬下指令，因為你有可能會讓導盲犬分心，導致視障者發生意外，不要製造麻煩OK！

在訓練開始前，先準備好要給狗狗的增強物，導盲犬的訓練平時是沒有在給零食的（都是給玩具），因此通常會從狗狗當天的食物裡拿訓練要用的量。假設某隻狗一天的食物量是吃四杯狗糧，我會拿其中的一杯做為訓練用，一天兩餐的話，一餐就是一杯半。如果各位不使用狗糧，而是使用額外的零食來做訓練的話，就要斟酌零食的量，而且留意多給的零食會不會讓狗狗發胖，如果會的話，那當天狗糧的總食物量記得也要部分扣除。不管是使用狗糧，還是零食當作訓練用的增強物，最大原則就是讓狗狗「一口」可以吃下去的大小，大約一顆飼料的大小即可。太小沒有感覺，太大咀嚼太久浪費時間，而且吃幾個肚子都飽了，課也不用上了。

畢竟以前我是個鸚鵡訓練師，要給狗狗吃增強物的時候，我習慣過去訓練鸚鵡的方式，單手用手指一顆一顆遞給狗吃，直接塞進牠的嘴裡，只是這就會有一個問題，就是我的手指會被狗的門牙啃得好痛好痛，尤其幼犬的乳齒又比成犬的牙齒還要尖，如果幼犬的力道沒有控制好，我們的手指很容易就會被割傷。

曾經有一位前輩建議我用手掌給增強物，讓狗狗習慣用舔的，但這招我不喜歡，原因是因為被舔到滿手掌都是口水……，我覺得很不舒服，而且遇到個性衝動的白目狗，邊舔還會邊在你手掌裡蹭來蹭去的，等於滿手掌的口水再往狗的臉上抹一遍，狗狗整個頭就會濕濕的，而且都是口水臭……

這時候另一位前輩教我的方法我就覺得很讚，就是讓狗狗明白知道「我會痛」！方法不難，只是訓練前期我們的手指要忍耐一下。手指握緊一顆飼料，想當然狗狗很興奮就會衝過來搶這顆飼料，當你覺得狗狗是使用牙齒在摳這顆飼料的話，千萬不可以鬆手讓牠吃到，而且縱使你的手指沒有很痛，也要演得很痛很無辜的樣子，抽手「啊！」叫一聲，如果狗狗很在乎你的話，通常也會有一點點嚇到。看著牠有一點點驚恐的表情，這時候再一次將飼料拿給牠，如果牠改用舔的、輕輕的，就要輕柔娃娃音的稱讚牠「goooood，好棒」然後手指微微放鬆，讓牠可以把這這顆飼料舔出來吃。

輕柔的娃娃音稱讚很重要，可以避免狗狗的情緒被激起而表現得激動，又可以感受到你是在稱讚牠。多練習幾次，狗狗就會習慣用舔的方式拿取你手上的食物，而且表現得也會比較放鬆不會衝動，自然我們的手也就不會受傷了。

另外，因為導盲犬會特別留意「不可以有撿拾地上東西來吃的行為」，在環境控制的訓練上，我們會很刻意的留意，地上是不是會有食物讓導盲幼犬撿拾來吃而養成壞習慣。但寵物犬比較沒有這樣的限制的話，如果各位對於要把食物放到狗狗的嘴巴裡是有壓力的，給增強物的時候直接丟在地上讓狗狗去撿，我覺得也是沒有問題的喔！

再來，動物訓練的超級大準則，也是說了一百遍了！千萬要給我記住，就是

「點到為止」！一定要在狗狗做得最好的那一次停止訓練，練習次數絕對不可以貪多。假設你準備了二十顆飼料，預計要做十次「Sit」的練習，第一次的練習表現普普，第二次表現有一點點爛但還可以，第三次表現普普，第四次超讚，聽指令的表現非常明確，精神抖擻的！來~不用考慮了，把剩下的飼料全部抓給牠吃，娃娃音大稱讚，這一次的練習結束！可以帶牠去吃大餐、玩其他的玩具，或是帶牠出去散步。這樣狗狗就會記得這樣做是正確的，而且做完還會有這麼多好吃好玩的東西，下一次的表現就會越好。

反之，練習多了，狗狗可能就會沒這麼有耐心，甚至做得越來越差，表現得不好怎麼給大獎賞呢？說穿了，動物訓練講求的是「質」，而不是重視「量」！所以千萬要記得，「點到為止」！

Sit

手拿一顆飼料，在狗四腳都站立的時候，將拿著飼料的手置於狗鼻子前方，但不給牠吃。接著將飼料從鼻子移動到狗的頭頂，讓狗逐漸抬頭，當狗抬頭到一個極限自然就會坐下，在坐下的瞬間喊出指令「Sit」，並且同時將飼料塞入狗的嘴中，用娃娃音給狗大量的稱讚。

Down

當狗已經學會坐下指令後，接著就可以指導趴下。請以「Sit」指令先讓狗

NOTE

若將飼料移往頭頂時，會讓狗一直倒退的話，可以用另一隻手稍微擋住狗狗的屁股，讓牠沒辦法繼續後退，或是選擇讓狗背向牆壁做練習。

坐下，然後手取一顆飼料，置於狗鼻子前但不給牠吃，接著將飼料從鼻子移動到狗前腳的前面，讓狗的吻部順著飼料向下移動自己的重心，逐漸呈現趴下的姿勢，在趴下的瞬間喊出指令「Down」，並且同時將飼料塞入狗的嘴中，用娃娃音給狗大量的稱讚。

NOTE

有時候狗狗要趴下去前，可能會因為看到食物很興奮而站起來，為了避免狗狗站起來，可以用牽繩帶一點向下拉的力量，並且在狗真的站起來前完成趴下的動作。增加做對的機會，就能減少犯錯的次數。當狗學會了「Sit」跟「Down」的指令後，偶爾會遇到狗狗急著想要吃零嘴，為了求表現趕快有零嘴吃，不管有沒有聽到指令，會發生不斷重複坐下、趴下、坐下、趴下的動作，但這個行為並不是真的有理解指令與動作的關係，簡單來說就是用猜的，有做有機會。這時候反而要降低狗狗的興奮程度，像是先暫時不要看牠，或是用沉穩的語氣告訴牠「等等」，讓牠先冷靜下來再給指令、增強物或是大獎勵，不然亂做一通也只是無效的練習。

Sit
1
先給狗狗聞到飼料，
但不給牠吃。
2
飼料手逐漸往頭
頂方向移動，吸
引狗狗抬頭看飼
料手。
3
當狗狗坐下的瞬間喊出
指令「Sit」，稱讚牠並
且讓狗狗吃到飼料，增
強坐下的行為。
Good

Down
1
先讓狗狗聽指令坐下。給狗狗聞到飼料但不給牠吃。
2
將飼料手慢慢移動到狗狗的前腳位置，吸引狗狗將頭順勢向下移動。
Good
3
當狗狗趴下的瞬間喊出指令「Down」，稱讚牠並且讓狗狗吃到飼料，增強趴下的行為。

Stay

準備好裝有飼料的碗放置在定點，單手攔住狗的胸口，以免牠突破阻攔吃到食物。這時候狗基本上都會很心急，但飼主必須耐住性子，並以平穩、不高亢、溫柔的語氣告訴狗「Stay」，當狗激動的情緒逐漸平穩下來，也可以用溫柔的語氣輕輕地給牠一個「Goooood」。在狗情緒最平穩的時候（雖然眼神會死盯著狗碗看很可愛，但只要耳朵還聽得見飼主指令即可），請用娃娃音、高亢地告訴狗「OK」，並在狗狗邊吃的時候邊給予稱讚。

▲ 先用手擋住狗的胸口，
用沉著的語氣念出指令
「Stay」。

NOTE

狗如果在訓練的時候太興奮、太激動可以先繫上牽繩，以免攔不住。另外初學的狗，尤其幼犬可能會比較難完全冷靜下來，也有可能會越來越急，飼主必須要比狗更有耐心。若幼犬的情緒難以平穩，視情況，也是可以在比較沒這麼衝動的時候下「OK」指令放行。若是剛帶回來的小小幼犬（約八週齡），請在幼犬進食的時候，撫摸牠的身體，以及將手慢慢地伸進碗裡，輕輕翻動牠的食物，也可以在牠吃的時候，稍微撈起一點食物來餵給牠吃，做為避免未來護食的減敏。在做避免護食、護玩具的訓練時，需要把握的大原則，就是不能讓狗狗有「被剝奪感」，一定要讓牠明白「心愛的東西不會被拿走」，因此訓練初期千萬不可以把東西拿走，我們就是靠近、跟碰到就好。另外，雖然我這邊指名是約八週齡的小小幼犬，但縱使是幼犬，由於在抵達你家以前，我們不能確定牠過去已經習得了哪些行為，因此在首次靠近牠跟食物／玩具的時候，一定要觀察幼犬的反應，做為接下來訓練上的進度調整。若訓練前，就觀察到幼犬已經有護食的行為，請盡早尋求專業訓練師的協助。

OK

通常「Stay」跟「OK」會一起教，就看狗狗學習的程度，可以增長或縮短「Stay」時間的目標。而且不只是吃飯前要等待，玩玩具前、出門前、出電梯前都可以要求狗狗等待，最後都是用「OK」指令同意狗狗進行接下來的動作。而且「OK」是一個開心的指令，所以記得在對狗狗講「OK」的時候，要有歡樂的感覺，讓狗狗可

◀「OK」指令有點像是封印解除一樣，讓狗狗可以盡情地做想做的事情。因此在講「OK」的時候，可以搭配開心的語氣，增加狗狗對指令開心的感受。

▲ 在狗狗比較冷靜的時候，放開手並開心地喊出指令「OK」，讓狗狗開心地去吃食物。如果是小小幼犬，可以在進食的時候一邊稱讚狗狗，一邊撫摸狗狗身體，並用手翻動碗中的食物，減少未來護食的行為。

以開心接受接下來可以做的事情。這就是很基礎的服從訓練，讓狗狗做這些事情前，先經過主人的同意，自然就會對主人順服，而且也可以減少狗狗出門暴衝，對於牽狗的人來說比較安全。基本上當狗狗可以完成當下指導的指令，都可以用「OK」指令給予狗狗想要的東西，既像是封印解除，也像給予大獎勵，是一個可以善加運用的指令。

OFF

讓狗學習把正在咬住的東西放開。傳統上的教學會先拿起玩具，玩具的另一頭給狗咬（但不跟狗做拉扯的互動），以低沉的語氣下指令「OFF」，待狗放開時給予娃娃音大稱讚「Gooood」，並且拿給牠繼續玩，降低狗當下的被剝奪感。但在我撰寫論文的時候，讓我對「OFF」指令有別的想法，用「不相容的動作」

來取代要求狗把玩具放開會是讓狗壓力更低的方法。當狗狗咬著玩具的時候，若聽到「OFF」指令等於可以吃一顆飼料，為了要吃飼料，自然就會把嘴巴裡的玩具放開。

與傳統的訓練方式一樣，每次結束訓練不會在同樣的時間點，例如早上的「OFF」訓練遊戲玩五次、晚上玩八次、隔天中午四次、傍晚六次，不以此類推，不建立規律模式。

NOTE

若以「不相容的動作」取代當下的物品，我們必須著重在訓練建立出「OFF」就是一定要放開這件事情，讓狗狗聽到「OFF」就會被制約放開當下的東西，絕對不是用交換的想法，因為我們不會知道，這次牠對當下咬的東西的喜好，會不會大於你當下要跟牠換的東西，難不成每次最後都得要開罐罐才能讓牠放開當下咬的東西嗎？這不是好的關係循環，也會帶來管理上的麻煩，所以千萬要注意！

◀ 練習「Off」指令的超級大重點，就是不能讓狗狗感受到被剝奪感。

▲ 練習「OFF」的時候，不管是以服從的方式讓狗狗交出口中的東西，或是用不相容動作取代口中的東西，都要立刻還給狗狗，讓狗狗繼續得到原本口中的東西。

如廁訓練

狗狗的排泄時間，絕對跟進食和喝水的時間有關，只要進食喝水時間規律，基本上上廁所的時間也會是規律的。但幼犬身體小，器官跟生活空間界線的認知都還沒有成熟，確實比較容易在家中會有意外排泄的問題，因此我們提供幼犬規律的餵食以及生活記錄就相當重要（請幫「生活紀錄表」畫紅線打五顆星星，非常重要！請一定要善加利用）。

將我們個人的作息建立給幼犬，再透過記錄來瞭解幼犬的生理規律，並在預計的時間點將幼犬帶到我們理想的位置做排泄訓練。例如馬路邊、陽臺、還是廁所的尿布墊，同時用愉悅的聲音持續念指令，例如過去我們習慣使用的指令是「Busy」，就會「Busy、Busy、Busy」念個不停，鼓勵狗狗嗅聞地面，一直念指令直到狗狗真的有排泄的動作，只要狗狗有尿尿或大便請給予娃娃音的稱讚，並且在幼犬排泄的過程中撫摸狗狗的脖子至尾部。

摸狗狗身體的原因，主要是要讓視障者可以透過觸摸狗狗身體的姿勢，來判斷狗當下是大便或是尿尿（狗尿尿的時候，不管是抬腿還是蹲著背後都會是平的，大便的話背後絕對是拱著的），我覺得這也是一種可以增加親密感的方式，

至於大家要不要撫摸便溺中的狗狗，我覺得算是選配項目，大家可以自己決定要做或是不要做。

幼犬的上廁所時間通常會是兩小時帶一次，另外幼犬剛睡醒，還有剛吃飽的時候，也很容易會上廁所，記得利用這些時間點把牠們帶過去，成功機會越多，牠們也會學得越快，所以為什麼生活紀錄表很重要，因為就可以從幼犬的生理時鐘找到規律，自然也可以讓我們知道什麼時間點要帶狗狗去上廁所了！

成犬的話，畢竟身體器官已經成熟，而且生活習慣也已經養成，所以維持剛起床及睡前一次，還有每四小時一次，基本上不會有什麼問題，除非有大量喝水，就記得提前帶狗狗去上廁所。

另外，在臺灣使用指令「Busy」是紐西蘭導盲犬的習慣，各國使用的指令都不一樣，有美式的「Go to Park」，或是日式的「One Two One Two One Two」，要用什麼指令通通都可以，沒有一定，大家可以發揮創意，發明自己喜

Busy
Busy
Busy
Busy
Busy
Good

歡的指令（例如我的鸚鵡是用「便便」，我朋友的鸚鵡用是「噗噗」，只要你喜歡好記隨便都可以！）。

以前在當助理的時候，每四個小時就要帶狗狗們出去上廁所，前輩訓練師們的狗沒有帶出去上課的話，也會由我們這些小助理協助照顧。畢竟要帶出去上廁所的狗非常的多，狗狗帶出去沒有瞬間秒尿出來真的是會讓我氣死，尤其我的同梯助理同事是個閃事王，如果沒有每次「提醒」他要帶狗廁所囉，他就會背向著我，呈現高枕無憂的姿勢坐在電腦前面裝死，那我一個人就會花差不多一個小時才能帶完所有的狗，你說我恨不恨～～～所以當我升格成為訓練師後，只要是我接手的狗，第一堂課就來練習「秒尿秒拉屎」！一出去就給我上出來不準給我拖時間！這個訓練非常簡單，就是利用古典制約的原理。如果是貪吃的狗，先把飼料準備好，讓狗狗先看到牠等等有東西可以吃那更好！帶狗到指定的位置上廁所，牠只要聽指令一拉出來，除了給娃娃音大稱讚，尿還不要沖 or 屎先不要

NOTE

未打滿三劑疫苗的幼犬，須避免在草地、電線杆旁等，有陌生狗經常出沒的地方練習以免染疫。在練習如廁訓練的時候，也盡量在不同的場域練習「聽指令」，減少固著場域才能上廁所的討人厭習慣，尤其避免在草地練習，因為草地實在是太香了，根本就是狗狗固著場域的第一名，沒有必要練習。

另外也很常會遇到狗狗因為下雨天，腳底觸感濕濕的不舒服，就會出現拒絕上廁所的狀況。通常一開門，狗狗都會很開心的衝出去，但一踏到濕濕的地，你就會看到牠們的表情，像是喊出「矮額～」的樣子，立刻縮腳就要跑回室內。畢竟我就是一個歹毒的教官，只要遇到這種狀況就會被我立馬用牽繩拉回來，該上廁所的時候還是要上，不然會打亂我的工作行程。因此大家遇到這種狀況，記得還是要狠下心來對狗狗要求。

我曾經遇過一個家長，狗狗因為下雨天不上廁所，颱風天每隔幾小時就要開車帶狗狗到家附近的大橋底下，就只是為了躲雨上廁所……，沒有必要好不好！後來這隻可憐的千金大小姐淪落到我的手上，欸～雨天還不是乖乖在外面上廁所了呢！

撿，先帶狗「衝」去吃食物，增加得到食物的興奮感！練習不用幾次就可以培養出「秒拉」的體質。

另外導盲犬的訓練也會期望牠們在走路的過程中，不要為了想大便尿尿而停下來，所以我們出發前也會先把該拉的拉完，如果你的狗狗喜歡出門散步，這個也是可以做為培養秒拉體質的增強物之一（如果在路邊練習，記得一拉出來就要衝出去散步的話，還是要請家人隨後協助，把躺在路邊的排泄物清理乾淨。另外柏油路是會吸尿的味道的，如果因為常常在路邊尿尿使得馬路變得臭臭的，可以使用寵物除臭液，不要用指定稀釋的濃度，濃一點我覺得比較有效）。

導盲犬乖乖聽話的小祕訣

上述四個指令，「Sit」、「Down」、「Stay」、「OK」，平時會被統稱為「服從指令」，基本上會是導盲犬天天都一。定。要。做。的基礎服從訓練，舉凡吃飯前、玩玩具前、去公園跑跑前，只要是做會讓狗狗感到絕頂興奮的事情「之前」，都一定要先做完基礎服從訓練，最後等到聽見指令「OK」就可以去做。

為什麼一定要先做完服從訓練，才可以去做這些事情呢？不知道大家有沒有一個經驗，就是當狗狗興奮到一個不行的時候，耳朵都會關起來，聽不見主人在講什麼，偶爾還會在公園聽到主人對遠方的狗嘶吼：「你給我回來～～～」這樣，結果狗狗還很興奮地越跑越遠。所以說，服從訓練最大的優點，是讓狗狗縱使極度興奮的時候，都要保持聽得見主人的指令，因為狗狗知道一定要聽到「OK」牠才可以去做牠想要做的事情，所以一定會保持耳道的暢通，隨時要留意主人的指令，而且在做「Sit」、「Down」、「Stay」的動作也會變得比較確實。這是一個力量非常強大的制約，基本上就是得要經過主人的同意，牠才可以去做牠想做的事情，最明顯的就是可以減少狗狗的暴衝問題，還有避免亂啃、亂吃人類食物的狀況。

我有一位朋友，他飼養的狗狗名字叫做大頭，大頭完全沒有亂吃東西的問題，什麼亂撿地上的菸蒂、檳榔渣，還是亂啃人類食物包的問題牠通通都沒有，因為大頭知道一定要經過媽媽的同意，甚至是公園裡的其他狗飼主想要給牠吃點小零嘴，大頭都可以忍住抵擋誘惑，因為牠知道只有媽媽說「OK」牠才可以吃（另外還有一個小重點，媽媽平時也會給零食，對零食的「需求已滿足」，所以大頭對零食的慾望不高）。

這時候一定有人會疑惑，當我們給狗狗這麼多制約的時候，狗狗如果沒有聽到指令，會不會就不吃東西、不上廁所了呢？我的前一本書《馬克先生的鸚鵡教室》，其中有在講解「如何教導鸚鵡聽指令上廁所」的章節，就曾經被一位某知名人士質疑，因為他曾經「聽說」，指導鸚鵡聽指令上廁所後，鸚鵡會因為沒有指令而憋大便致死！在這裡，我可以很有自信的說出這三個字「不！可！能！」

因為生理需求是所有生物最基礎的需求，沒有滿足生理需求是很難受的，而且甚至會導致死亡。到底要有多大的意志力，才可以抵擋自己在快餓死的時候不吃東西，或是尿急的時候忍住不尿出來，甚至是尿急到極限還會無法控制就直接尿出來了吧！

縱使我們假設這個故事是真實的，曾經有一隻鸚鵡因為憋大便憋到致死，我也會認為這隻鸚鵡是因為疾病讓牠沒辦法好好排泄，不會是因為曾經上過某堂課，就再也無法改變自己的設定，又不是機器人。除非，這隻鸚鵡曾經遭受過虐待，讓牠的恐懼大到必須得抵抗自己的生理需求。但我相信，當忍耐到達極限，剛好恐懼的壓力源比較小的時候（例如施虐者不在現場），還是會想盡辦法趕快解決生理需求的。例如當某隻狗在室內的地毯上拉了一坨屎，被主人暴打了一頓，狗狗不知道自己是因為在「這個位置」便便被打，以為自己是因為排泄的這個「行為」被打，所以只好忍住不大便。但當主人不在家的時候，壓力源不在現場，一陣肚子絞痛屎意濃，因為不知道自己之前是因為廁所位置不正確的緣故被揍，所以狗狗雖然還是很害怕再次被揍，但可怕的主人現在不在家「應該沒關係吧？」的心情，一樣會讓狗狗又再次拉在地毯上的！

其他實用小撇步

不需要過度安撫狗的情緒

人類真的是一種很莫名其妙的動物，明明知道不可以做的事情，欸～就是偏偏會去做。曾經有一位使用者分享，他明明就已經立牌子寫「請勿觸摸、禁止餵食導盲犬」，但偏偏就是有一天，他突然發現狗狗異常的安靜，一問之下才驚覺有個阿桑正在餵導盲犬吃東西，使用者立刻制止阿桑的動作，但阿桑很不好意思地告訴使用者說：「對不起，牠太可愛了，我忍不住！」在發展心理學中有提到，會讓成年動物特別對幼年動物產生莫名喜歡的感覺，就像是我們看到小動物或是小孩，會特別想要疼愛他們、擁抱、給他們東西吃，這個行為叫做「丘比娃娃現象」（Kewpie Doll Effect），而這個現象可以讓幼年動物更容易依附在成年動物的身邊得到照顧，大幅增加存活的機會，簡單來說，就是長得醜就去死一死，長得可愛天下無敵（我政治不正確我道歉）。

但身為人類，我們是有智慧的動物OK！這麼一點小規則都忍耐不住，跟犯罪有什麼不一樣？真的是對不起父母，對不起師長，對不起觀世音菩薩的教導耶！話說回來，丘比娃娃現象讓我比較倒胃口的，是好多人會把寵物當作嬰兒一樣寵，尤其看到小型犬像嬰兒一樣抱在懷裡，我真的是管家婆上身看得一肚子火欸，因為狗就是狗，可不可以讓牠好好站在地板上啊！最讓我肚爛的是有一次，我牽著導盲犬從高鐵站走出來準備去搭公車，走到站牌邊，兩隻導盲犬也規矩的聽了指令乖乖趴在地板上。站牌旁邊的椅子就坐著一位小姐，懷裡抱著一隻博美犬，我也不知道哪一輩子是不是有踩到那隻博美犬家的祖墳，博美犬非常看不爽我跟兩隻導盲犬靠近，一直緊瞪著我們，發出不太友善的低吼聲，突然就對著我們開始狂吠了起來，小姐見狀像是安撫小嬰兒一樣，開始輕輕的上下抖抖抖「好好好~沒事沒事~乖乖乖~不怕不怕」，越安撫狗狗叫得越大聲，一直叫到公車來了，我跟兩隻導盲犬上車為止。當下我在內心翻了一個好~~~大的白眼，真的好想衝上前賞那小姐兩巴掌並且怒吼「不要再增強牠的焦慮了！」而且這位小姐你安撫牠三小，你的小孩對我們爆粗口耶，然後你還在安撫自己小孩？這有道理嗎？是不是應該跟我們道歉才對！被嚇到的是我們，該被「不怕不怕」的應該是我們才對吧！真的是會被氣死耶。

其實最簡單的處理方式呢，就是搞清楚狗不是嬰兒！當你看到牠呲牙裂嘴對別人低吼的時候，你還覺得牠是嬰兒嗎？當牠露出小口紅在強姦抱枕的時候，你還會覺得牠是小嬰兒嗎？快醒醒，不要再幻想了好不好~牠，就是一隻狗！請用狗的方式對待牠，例如讓牠待在地上，或是不要讓牠直視刺激物，轉移注意力，不增強牠保護你的慾望，其實很多事情可以做的。你當然可以擁抱牠、疼愛牠，只是當牠在幹爛事的時候，千萬不要包庇牠。

散步

狗狗是活生生的動物，也會有外出的需求、社交的需求，縱使沒有出門，也盡量讓牠有事情做！不然當牠自己找事情做的時候，我們可能就會得到一張破沙發、滿客廳的碎衛生紙，或是一隻吞了襪子的狗。

在外行走的時候，牽繩不需要放太長（除非你的狗真的很不衝，可以完全走在人的腳邊除外），大約就是人手自然垂下，狗剛好在人的腳邊可以自在活動，東聞聞西看看的長度即可。

散步的過程中，盡量保持與狗的對話，稱讚狗走路；也要維持狗的注意力在牽狗的人身上，所以可以偶爾叫狗的名字，當狗回頭看向牽狗的人，就可以立刻給牠一顆飼料。尤其當狗的注意力被其他東西吸引走的時候，例如松鼠，或是其他狗，這個訓練可以較快速打斷狗的注意力，以免暴衝讓人跌倒。如果真的前方已經出現把狗注意力吸走的催狂魔，怎麼叫、怎麼拉也喚不回狗的注意力時，記得在狗狗真的要飛出去把你拖倒前，趕快用環境控制的方法斷開狗狗視覺的注意力，減少犯錯的機會（關於環境控制，請參考UNIT2懲罰不是萬惡不赦，增強也不是仙丹妙藥，善用教學法，讓狗狗乖乖聽你的話！中的環境控制單元）。

過去幾次，看到別人照顧狗狗的方式讓我非常於心不忍，總會覺得，狗狗像是一個被擺放在家裡，了無生氣的大布偶。被栓在角落，沒有玩具，也沒有幫牠開燈，飼主出門工作後，狗狗就這樣自己一隻狗待在角落等上一整天。我真的是覺得，如果各位你沒有辦法照顧好狗狗的心靈，還有帶狗出去散步跑跑的話，真的別說你可以養狗。

散步對狗狗來說是個很好的運動，除了可以活動筋骨，到處嗅聞也可以讓狗狗腦力激盪，是個讓狗狗紓壓的運動之一。我曾經遇過一隻黃金獵犬，名字叫盧嚕，跟很多黃金獵犬一樣有個討人厭的怪毛病，就是不愛吃飯。我遇到盧嚕的時候牠就跟傳聞中一樣的消瘦，根本非洲難民等級，而且就如同文章開頭所說的那樣，盧嚕被擺在房子的角落沒有人理牠，非常可憐。看牠愁眉苦臉三天，我終於受不了了，出門前把我的狗託給旁邊的人，告知了一聲我就把盧嚕給偷走了。到了學校，我把盧嚕的牽繩解開，帶牠在陽光下跑、跳，我第一次看見，原來一隻黃金獵犬笑起來可以這麼美。然後，盧嚕跟著我到處跑跑跳跳的這幾天，沒有一天是不吃飯的（除了增加運動量，我也用混料）！找出解決問題的方法不難，難的是有沒有人願意做而已。

摩托車訓練

在臺灣真的是沒有摩托車等於沒有腳耶！我覺得全臺灣真的只有臺北人習慣走路，其他縣市的人不管多近的距離都要騎摩托車。小時候家母每次帶我去附近的商店買東西都會騎車出門，等到我長大養成走路的習慣後才意識到，家母每次騎車要去的地方，最近的地點不過就是一百公尺以內的距離……。既然臺灣人習慣騎車，我認為讓狗學會坐摩托車就很重要！尤其幼犬訓練非常重要，沒有其他理由，就是社會化訓練必須越早開始越好，小時候沒有太多的自我意識，任何可怕的東西，都有飼主可以依靠，幼犬也能很快就適應了！

訓練方法非常的簡單！幼犬初學的時候可以先在腳踏板塞一個洗衣籃，將幼犬放進洗衣籃裡面就可以避免牠跳車（尤其幼犬身體太小也不好用雙腿夾住），最後用左手手掌握住幼犬的牽繩及摩托車把手（所以我一向不使用太粗太短的牽繩，平時就不好握了，騎車會變更難）。訓練過程中的重點，是要讓幼犬有機會感受到風吹、速度、車聲，還有行進中的平衡，時不時也可以跟幼犬說話，等紅綠燈的時候塞幾顆飼料給牠，讓幼犬在過程中感覺到「坐摩托車是一件快樂的事情」。等到狗狗越長越大，表現穩定，而且我們的雙腿可以卡住牠的時候，就可以撤掉洗衣籃。

狗要上摩托車前，人先坐上車並以左腳撐地，接著讓右腳踏上腳踏板，然後讓狗從人左腿的位置跳上摩托車踏墊，並且用右腿擋住狗的身體，讓狗面向右邊慢車道，因為如果真的有突發狀況，狗在跳車的時候會直接飛進人行道的方向相對比較安全。

狗在跳上車後讓狗坐下，一樣將牽繩握在左手跟把手上，當摩托車發動一起步，左腳瞬間踏上踏板，再用雙腿稍微夾住狗的身體。這邊比較需要留意的地方，請大家紅筆畫線還有五十顆星星，就是不要把牽繩纏繞在照後鏡還有握把上！因為騎車上路，難免就是有可能會有突發狀況，如果我們跟別人發生擦撞了，狗狗有機會跳車逃跑，或是我們正常騎車的過程中，狗狗看到松鼠突然跳車，我們的車也才不會被拖倒。所以算是保護自己，也是保護狗狗的做法。

另外，如果各位要訓練的是成犬，而且牠非常抗拒的話，就要看牠恐懼摩托車的項目是什麼，是聲音？還是速度感？我曾經有一隻訓練犬是既害怕摩托車發動的聲音，也害怕速度感，所以先花了好幾天讓牠可以安然的在發動中的摩托車旁邊吃飯（畢竟我是一個歹毒的老師，過程中時不時也會催一下引擎，發出更大的聲音讓狗減敏）。再來我還有一個訓練神器，就是電動摩托車！電動車的好處就是聲音極小，速度上也不會像引擎車那樣會有暴衝感，因此電動車真的非常適合拿來訓練！只要會坐電動車，一般四行程引擎摩托車也不會是問題了。

▲ 讓狗從左側跳上車，面向右測慢車道或人行道。另外，牽繩千萬不可以纏繞在機車握把及照後鏡上，可以在發生意外的時候保護駕駛與狗狗的安全。

後記

（以下的故事是我真實的夢境，不是什麼假裝的夢境文請不要過度揣測謝謝……）

夢中的我，跟著一位不是太熟，似乎是朋友的眼鏡男子走在他回家的路上，因為他的阿婆重病快要死了。跟著他走進屋裡，看見他阿婆的床被搬到了一樓客廳，而且臥床的阿婆全身插滿了點滴、鼻胃管等的管子，眾人看到我們兩個進來，就將阿婆扶起來坐著。他的家人似乎認出了我，說我外婆就是附近某一戶人家，我順著大家指的方向飄了出去，在這陌生的住宅區裡，尋找我記憶中外婆家那間有黃色柵欄式拉門的房子，但怎麼找都找不到。

走著走著，我走到一段有點熟悉的巷弄中，雖然每一間房子的大門都是柵欄式拉門，但卻都是藍色的，而且都貼上了某某不動產的巨大廣告貼紙，或是有廣告貼紙撕下來的痕跡，有貼紙的房子裡頭都沒有人，像是在招租中或是等人看屋購買；有撕下來的，裡面就會是一家人圍著餐桌準備吃晚餐的樣子。

這時候我沒來由地想哼唱田馥甄的歌。說時遲那時快，身邊走過一位戴眼鏡、留著及肩短髮的中年女性，讓我覺得他的職業會是會計或是行政人員這類的工作，他身旁帶著一位有牽導盲犬的視障者，狗狗是一隻有年紀的黑色大公狗，走向我對面的騎樓，似乎是準備要看房子，因為那間房子前有位房仲小姐正在轉動著鑰匙，準備為他們開門。

我順著他們的方向看過去，視障者不見了，只剩下眼鏡女子牽著狗狗粉紅色的布牽繩，正在跟房仲小姐講話，這隻狗不知道犯了什麼很小的過錯，類似沒聽清楚指令而已，那位眼鏡女子沒有很生氣，但卻非常用力地推了狗狗一把，狗狗害怕地往馬路走去，我害怕狗狗走上馬路會有危險，直覺地喊出狗狗的名字納

納，雖然心中有點疑惑，因為我不太確定牠是不是納納，但我還是喊了牠納納，讓納納來到我身邊。

眼鏡女子可能看到我目睹了這一切，於是想跟我還有旁邊的房仲小姐解釋：「是視障者教我的，而且大家都這麼做！」我心想「你知道我是誰嗎？（誰啊～）」，然後走向前牽起納納的牽繩，輕輕地喊了一句指令「Heel」，納納默默且迅速地順著指令，滑過我的小腿，飄到了我的左腿旁邊，並且很標準地面向著前方，接著我抓起納納的導盲鞍握把。眼鏡女子嚇了一跳，意外我怎麼會操作導盲犬，我正準備要走過去對他講道理，教育他不可以這樣對狗的時候！我就夢醒了。

夢醒後，我覺得一切很真實，回想過去一路走來，不管是在訓練鸚鵡，還是在訓練導盲犬，我們在學習成為訓練師的過程中，並沒有受過什麼很完整的指導，有點像是學徒一樣，看著前輩們的動作，做中學，學中做。但可怕的是，如果我們的前輩們在對待動物上是有瑕疵的呢？就像我夢中那位眼鏡女子說的：「是視障者教我的，而且大家都這麼做！」面對內心質疑的方式，若我沒有足夠的認知去獨立思考，我只會延續這樣奇怪的傳統，在動物眼裡我將會成為一個新來的恐怖的人。

動物消瘦與動物訓練師的反思

講回來人性，縱使是父母、老師、動物訓練師、任何的教學者，我們終究是「人」，在面對學生／動物／小孩怎麼樣都教不會，而且總是錯在同一個問題點的時候，真的會很崩潰。例如，某小孩明明知道自己怎麼做是正確的，但永遠都會做錯（我相信各位父母跟老師一定很有感～），或是沒來由地針對特定性別做無差別攻擊的殺人鸚鵡，還有搭上汽車就會變得極度焦慮的狗，這些事情說大不大，但又非常的擾人，重點是當我們試著想調整他／牠的問題，但無論用了多少種想得到的方法，都找不到解決問題的核心，無法改變動物心中癥結的「點」做教學，是非常令人感到沮喪、挫折的。

之前我待過的幾間樂園及農場都有遇過針對特定性別無差別攻擊的鸚鵡，例如看到男生靠近就會起肖變成浩克的朱鷺冠巴丹（還好牠不會從鮭紅色變成綠色，我會嚇到），或是女生帶上手就會變身殺人打洞機的中葵花巴丹，因為這很需要讓鸚鵡對單一性別減敏，過程中對訓練人員來說也相當危險，所以有其訓練難度。第一隻朱鷺冠巴丹名字叫An島，我有成功馴服，而且讓牠之後對男生的抗拒變得很小很小，但第二隻中葵花巴丹家家我真的沒辦法，一方面牠討厭的是女生我介入不了，再一方面是我們沒有太多的時間調整牠的狀況。

曾經有一位C同事成功讓家家接受女生帶上手，也順利讓其他每位女同事都可以帶家家出來量體重。事隔多年，D同事想挑戰讓家家可以接受女生帶牠出去表演，練習的過程非常順利，但就在正式上場前三十秒，家家突然打洞機魂上身開始起肖，瘋狂的啃咬D同事，這個時候舞臺門開啟，D同事面帶笑容從容地走上舞臺，但他滿手都是紅紅的鮮血，一路上血一直滴……一直滴……而家家這時候還在繼續攻擊他……

就連咱們的鸚鵡界巨星彭黑瓜先生，也是一位專咬戴眼鏡高瘦男子的小王八蛋，當年每次牠咬到我前主管，我都會跟目睹慘案的旁人展露出甜美又燦爛的笑容，並開玩笑地說：「我是不是教得很好呢~呵呵！」

一般飼主遇到這樣的狀況，頂多是拿自己的寵物沒有辦法，反正就是爛到底，總會有可以共同生活下去的平衡。但訓練師不一樣，站在某種 maybe 是「專業」的立場吧，通常訓練師會跟動物堅持下去，如果今天這位訓練師用了一些都市傳說的偏方，例如飢餓、鞭打，不去瞭解自己為什麼需要這樣訓練動物，一味只知道用偏方來「控制」動物，而剛好這隻動物妥協了，就會給這位訓練師

無比的信心與正增強，認為這樣做是對的、好用的方法。漸漸地會發現，有些訓練師會走偏，發現到他們訓練的動物越來越瘦，或是極度壓抑，這是一種需要被警覺的狀態，因為訓練師自以為的專業，其實只是某種偏執。

寵物飼養的爭議與道德

我在前一本書《馬克先生的鸚鵡教室》中有提到，當年第一眼看到的黑瓜，是一隻還沒完全斷奶，碗裡都是牠不太會吃的葵瓜子，完全像是被丟棄在角落賣剩下的爛貨，如今卻躍升成鸚鵡界的巨星，風靡大街小巷（你們這些養凱克的人在我心中都是學～人～精～哼！）。如果說，當年黑瓜沒有被我買走的話，或許現在只是某個籠子裡的繁殖鳥吧，過著無天無日的生活。不過他現在跟著一個動物訓練師生活，說起來，也算另一種倒楣吧！超嚴格的。老實說，連金瓜也是同一水之中，最後一隻被帶走的寶包（我怎麼都是養到別人挑剩下的）。但相較之下金瓜真的比較會投胎，金瓜的乳母嬤嬤完全是高規格在照顧幼鳥的賣家，不管是環境整潔、營養攝取都非常仔細；甚至某天恰巧認識到金瓜親哥哥的飼主，他形容乳母嬤嬤對待繁殖鳥完全就是寵物鳥的等級，對生出來的每隻寶包宛若是金孫一樣，投入了大量情感，是他見過極少數，沒有把寵物商品當作商品的人，縱使價格會比市價高，但他還是願意找這位乳母嬤嬤購買幼鳥。

我也常常反思，黑瓜應該也算是我教壞掉的一隻鳥吧！因為牠真的是「太乖了！」，面對外人，牠確實是一隻乖巧無比的鳥，但面對環境的變化，牠在這方面的社會化程度就是不夠好，害怕改變，也會比較膽小，會不會是我對原則的強勢，讓牠過度壓抑自己？那個太乖巧的樣子，會讓我心疼牠是不是沒有辦法做自己？

十年之後再飼養金瓜，在教育上我放手非常多，更希望牠探索，去面對不同

的事情，相較之下，金瓜確實比黑瓜有勇氣面對環境的變化，也更能跟其他鸚鵡相處。

從自己的反思，加上從業數年對其他同仁的觀察，我覺得一位動物訓練師，如果不夠專業，沒有控制好自己的心志，就會變成一個恐怖的人。但是對於道德的標準，在每個人心中都有一把尺，就像內文中提到的，我認為懲罰法有存在的必要，但反對懲罰的人一定會視我為妖魔鬼怪吧！面對訓練上的道德衝突，只要自己能誠實的面對，也能對自己的做法說得過去，相信自己沒有做錯，也不會傷害到動物的心理以及權益，不需要猶豫Let's Go!至於別人的做法有千百種，不是我們能掌握的時候，也記得放過自己，假裝沒看到（除非他當街打狗，請記得要報警！）。

我也因為做論文研究的關係，訪問了好幾位動物訓練師，發現能體會這個面向的人不多，而且真的懂得反思的訓練師，反而能更彈性地去思考自己與動物的關係，面對動物在教學過程中各種不被預期的表現，更能轉換自己的專業，調整訓練方法，不被方法困住自己，我覺得這才是一個好的飼主、好的訓練師該有的態度。

我的期許

在當導盲犬訓練師的時候，最爽的事情，莫過於人跟狗之間沒有距離，只要讓導盲犬穿上辨識用的紅色背心（or 導盲鞍），我可以自由地進出公共場所，牽著狗到處跑，縱使偶爾會遇到不理性店家的刁難，但這也不是無法處理的困難，除了少數我會寫公文告發店家以外（畢竟我是衛福部親封的導盲犬訓練師），大多數的店家在溝通之後，就都能歡迎導盲犬進到室內。

有一次去餐廳吃飯，還遇到了一件有趣的事！那天店家沒有刁難，我只是站

在店外排隊，店內用餐中的一對夫妻，看到我牽著導盲犬站在店外，以為我因為帶了導盲犬被店家刁難，他們衝去櫃檯找老闆吵架，我還要趕快跑去幫忙緩頰，真的是會笑死。但我覺得，沒有經歷過這些過程的人很難理解我們的痛苦，因為不過就是出來吃個飯，只是因為多帶了一隻狗就要被店家拒絕，然後我還要花很多很多很多時間來跟店家說明：「根據《身心障礙者權益保護法》的第六十條規定齁，身心障礙工作犬，例如導盲犬與訓練中的幼犬可以自由進出公共場所。然後第一百條中表示……」，要解釋好多事情。被拒絕一次、兩次、三次，每一次的被拒絕就等於我必須要再一次的解釋，這些都讓我們承擔了一定程度的壓力，有時候還沒出門就會開始擔心，自己等等會不會又被擋在門口？而且跟我同行的家人、朋友、另一半，就會跟著我一起承受被拒絕的壓力。

其實會有這些拒絕，是因為世人都不瞭解狗，也不瞭解導盲犬，會把既定印象中狗狗的惡習套到導盲犬的身上。每次聽到哪個寄養家庭被店家拒絕了，還是使用者因為有導盲犬，找租屋不容易，或是職場不被歡迎，都會讓我懷疑導盲犬真的好用嗎？是不是間接地讓視障者衍生了不少新的困難？但回頭想想，我幹嘛要檢討受害者啊？我就是那個受害者耶！是因為這世間有太多的飼主沒有能力照顧好寵物犬，讓寵物犬肆意的亂跑嚇人、隨地排泄、攻擊人，寵物犬的污名停留在大家的心中，自然也會對導盲犬產生敵意（而且導盲犬都是中大型犬，體型上也是挺有威脅感的）。

我從觀察寄養家庭飼養自己家的寵物犬，以及自己接狗狗家教的經驗，我很確定複製導盲犬的教養方式，絕對能讓寵物犬跟導盲犬一樣的乖巧。既然如此，寵物犬是不是也能跟導盲犬一樣，有權力可以爭取到更多的使用空間，跟著主人進出公共場所呢？

再次強調，「導盲犬」一點都不神奇，跟一般的狗狗沒有太多的不同，導盲犬能夠訓練成功的關鍵，還是建立在人與狗的能力水準都共同成長的時候。而能

讓寵物犬爭取到更多的室內使用空間的關鍵，就需要我們每一位飼主，帶著狗狗一起成長前進。我希望在我有生之年的某一天，導盲犬不再被拒絕了，寵物飼主水準提高，會為了能教養自己的寵物，願意投資金錢與時間精進自己來上課，而且每一隻寵物都能很乖巧，心境自在不焦慮，也能自由進出公共場所，不帶給任何其他人影響。縱使目前離這個目標還很遙遠，但我相信遲早有一天，這樣的理想生活不再只是理想，都能自然地呈現在你我的生活之中。♥

致謝

不管是人生中的各種際遇，還是算命卜卦，常常會讓我想要翻桌子、摔椅子，指著天空怒罵髒話，因為我的人生真的是「太難了」。不過也是要謝謝上天賜給我這樣奇怪的命格，才能夠擁有勇氣，專做這些常人覺得奇怪的事，而讓我的人生履歷顯得有些特別！

要成就出這一本書很不容易，畢竟這些年來在這麼多種工作上轉換，始終沒有拋棄的就是「動物訓練師」這個身分，也在這個身分中省思，自己哪裡做得不夠好？還有什麼是我可以做得更好的？過程中也會質疑自己：「我是不是一位好的動物訓練師？」直到完成碩士論文，把行為學習理論徹徹底底研究了一番，看了好多書籍、國外文獻，從不同的角度思考導盲犬學習歷程的行為學原理，才讓我有種對於訓練法茅塞頓開的感覺。

因此很謝謝我的指導教授．莊素貞老師，對我這個奇怪的研究生，天馬行空研究議題的包容。

謝謝我的髮型師．摩斯。兩本書的造型都是由你來協助完成，簡直是凹你凹到最高點！但我想，以我們之間的交情應該是說得過去的（手比愛心）（看完這段他下次應該會把我剃成光頭）。

謝謝這次的封面攝影師 Joy，這次拍攝的照片真的非常有質感！不枉費我們在拍攝前做的所有功課與準備！還記得第一次約碰面簡直是網友相見歡，只差沒有胸口別上一朵識別用的紅玫瑰（懂這個梗的話，代表你跟我們的年齡是同梯），然後一起去狗狗山看能拍攝的狗寶包們。過程中我們相談甚歡，像是很久不見的老朋友，因此讓這次的拍攝少了很多緊張感，多了許多安心的感覺。

謝謝霧峰狗狗山．張老師。感謝您奉獻此生來照顧這些貓貓狗狗，還有能支持我出這本書的理念，並且無償借了五隻可愛的狗狗，完成這次的封面拍攝。

謝謝插畫家．妹妹小酸。有你的繪畫製作我什麼都很安心！

謝謝藍海文化還有仙女編輯，能對我這樣充滿垃圾話的作者這麼包容，能夠暢所欲言的創作真的是最棒的！

最後，我要謝謝曾經在我身邊，陪伴過我的每一隻導盲犬：

Tracy、Froce、Ace、Nick、Bank、Omega、Molly、Owen、Ojo、Opal、Speed、Tarry、Taylor、Uma、Via、Walker、Wafer、Xhosa、Eric、Volvo、Zack、Visa、Xandy& Ruby。

謝謝你們帶給我知識，陪伴我過去的每一天，

老師永遠愛你！

MEMO

MEMO

MEMO

MEMO

MEMO

MEMO

MEMO

MEMO

MEMO

■ 國家圖書館出版品預行編目(CIP)資料

馬克先生的狗狗幼兒園 / 馬克先生著 .
-- 初版 . -- 高雄市 : 藍海文化事業股份有限公司 ,
2023.06
面； 公分
ISBN 978-626-96381-3-0（平裝）

1.CST: 犬　2.CST: 寵物飼養　3.CST: 犬訓練

437.354　　112002979

馬克先生的狗狗幼兒園

初版一刷．2023 年 6 月

著者	馬克先生
繪者	羅小酸
責任編輯	林瑜璇
封面設計	羅小酸
發行人	楊宏文
出版	藍海文化事業股份有限公司
地址	802019 高雄市苓雅區五福一路 57 號 2 樓之 2
電話	07-2265267
傳真	07-2264697
購書專線	07-2265267 轉 236
E-mail	order@liwen.com.tw
Line ID	@sxs1780d
線上購書	https://www.chuliu.com.tw/
臺北分公司	100003 臺北市中正區重慶南路一段 57 號 10 樓之 12
電話	02-29222396
傳真	02-29220464
法律顧問	林廷隆律師
電話	02-29658212

ISBN 978-626-96381-3-0（平裝）

定價：390 元